美丽乡村建设规划设计系列图集

典型农房设计图集
桃源村

孙 君 著

中国建材工业出版社

图书在版编目（CIP）数据

典型农房设计图集．桃源村 / 孙君著．-- 北京：
中国建材工业出版社，2020.12（2021.11重印）
ISBN 978-7-5160-2805-6

Ⅰ．①典… Ⅱ．①孙… Ⅲ．①农村住宅—建筑设计—
广水—图集 Ⅳ．① TU241.4-64

中国版本图书馆 CIP 数据核字（2019）第 286233 号

典型农房设计图集·桃源村
Dianxing Nongfang Sheji Tuji · Taoyuancun
孙　君　著

出版发行：中国建材工业出版社
地　　址：北京市海淀区三里河路 1 号
邮政编码：100044
经　　销：全国各地新华书店
印　　刷：北京天恒嘉业印刷有限公司
开　　本：710mm×1000mm　1/16
印　　张：8.25
字　　数：80 千字
版　　次：2020 年 12 月第 1 版
印　　次：2021 年 11 月第 2 次
定　　价：**58.00 元**

乡村文化的延伸

李兵弟

我国改革开放四十多年来，广大的农村地区经济快速发展，工业化、城镇化不断向广大农村延伸，农民获得了经济利益。农村生态环境和生存状况也在悄然改变。一个个类似城镇的村庄不断出现，随之而来的是农村传统文化特质和地域文化特征被蚕食，存在了几百数千年的乡村文化、村落自然布局、田园天然生境和乡民道德规范被慢慢敲碎，地方生态资源与人居环境不断被摧垮。农民和基层干部，还有那些已经进了城的"城里人"突然发现，老一辈人留下的传承几百年数千年、原本再熟悉不过的生活习俗、生存环境在不以他们意志为转移地被重新改写，有的已经不复存在了。

改革开放的进一步深入，推动着农村各项事业的不断发展，必然历史性地选择新农村建设。党的十八大进一步规划了城乡统筹与新农村建设的蓝图，各地新农村建设特色纷呈。据统计，我国目前还有近 60 万个行政村，近年来每年中央各部门投入的农村发展建设资金高达数千亿元，这一公共财政向农村转移支付的力度还会不断地加大。

政府官员、基层农村干部、农民们的视野和利益都被放到这一崭新的平台上，谁都想着为农村发展多出力。然而，不少地方政府，尤其是县、乡镇两级政府官员在新农村建设中，经常苦于找不到满意的专业规划设计团队，无法做出适合当地农村特点、生态环境、农民意愿，有传承、有价值、有前瞻性的新农村建设专业规划设计。在新农村建设中科学地规划当地的乡镇村庄环境，设计出农民能接受并喜爱的民居，推动村庄经济社会发展，已经愈发成为政府呼吁、农民期望的一件大事和实事。

两年前，孙君、李昌平率领一批有识之士、有志之士创建了中国乡村规划设计院（简称乡建院），走上绿色乡建的道路。据我所知，这是中国内地第一家由民间发起、民间组织，专门从事农村规划设计，并全程负责规划设计项目建设落地的专业机构。

2018 年，由中国城乡统筹委、北京绿十字联合组建运营前置、系统乡建的专业性硬件、软件与运营一体的研究院——农道联众。农道联众始终坚持农民是主体、主力军的基本原则，政府给予辅助和指导，其他社会力量协作，确保农民利益放在第一位。农道联众要为"适应城市化和逆城市化并存之趋势建设新农村"。他们结合当地产业结构调整、生态环境保护、地域文化特质等重要元素，做出符合当地客观条件的新农村建设综合规划，设计出农民喜爱、造价低廉，更能传承地域文化特点的典型农房。他们视"绿色乡建"为事业、为使命、为责任，"让农村建设得更像农村"。事不易，实不易，笃行之。

这套《美丽乡村建设规划设计系列图集》丛书的作者孙君，他是一位画家，却扎根农村二十年。他有很多农民朋友，春节时都是与他们一起度过。农村发展、农房建设现已成了他笔下的主业，在农村乡舍小屋闲暇之时的作画却成了余兴，画作的收入又成了支持主业发展的资金。当年他在湖北襄樊市（今襄阳市）谷城县五山镇堰河村做新农村建设，从垃圾分类、文化渗透、环保先行、生产调整入手，依托村干部，发动农民，协助政府，扎扎实实地做出了国内有相当影响力的"五山模式"。随后在湖北王台村、山东方城镇、四川什邡市渔江村、湖北宜昌枝江市问安镇、郧县樱桃沟村、广水桃源村，以及河南信阳市平桥区郝堂村、南水北调中线取水地丹江口水库所在的淅川县等村镇，积极探索新型乡村建设的绿色之路、希望之路。孙君先生以艺术家的视角挖掘并竭力保留农村仅存的历史精神文化元素，运用于农民房屋设计、村落景观规划，以尊重农民的生活和生产为主旨的建设理念，受到广大农民朋友的拥护与爱戴，得到当地政府的理解和支持。

本套丛书集结了作者孙君以及农道联众同事的智慧和力量，在扎实调研、深入走访了解农民需求，结合当地政府对新农村建设的具体要求，发掘河南、湖北等地浓厚楚文化、汉文化，设计出农民欢迎喜爱、当地政府满意的具有鲜明中原大地特质的乡村规划、典型农房，使农道联众、孙君等的中国新农村建设理念扎扎实实"做了出来"，充分展现了新农村建设中的生态文明之自然之美、和谐之美。

本套丛书的出版将为中国新农村建设提供独特的绿色思路，提供为各级政府容易理解、广大农民朋友喜欢并接受的实用性很强的典型农房户型图集。孙君说，他们就是要使相关政府官员、农民朋友按照这套丛书图集，就能很快做出来"样本"。

祝愿孙君和他的同事们，祝愿农道联众在探索中国新农村建设的道路上，走得更远、更稳。

中国城市科学研究会副会长

住房城乡建设部村镇建设司原司长

中国乡建院顾问

李兵弟

2019 年 7 月于北京

桃源村再出发

孙 君

郝堂村项目之后，紧接着开始了又一次以系统运营、古村活化为核心的乡村实践——湖北省广水市武胜关镇桃源村。

（一）

我们选择这个村的理由，一个是此项目得到湖北省发展改革委副主任、"绿色幸福村"操盘手徐新桥博士的力挺，另一个理由则是有广水市"两圈办"的华运鹏与易小辉的支持，更重要的是这个村镇干部的性格与处事方式，与郝堂村的村镇干部正好相反。当时我们想尝试，在村镇干部能力不足的情况下，会不会有乡贤乡绅能担起建设美丽乡村的重任呢？

结果几乎是不可能。因为不可能，我们总是在寻求可能性。

这个项目的优势太多，从省发展改革委徐新桥、广水市委书记吴天明、市"两圈办"华运鹏与易小辉，加上我们，齐心协力去做，应该会在很短时间内（一年半）就能做成。应该说，前一年做得还是比较快的，但一年半以后问题就来了，弱势也暴露出来。还好，基本与我预料的差不多，准确地说，都是我提前想到会遇见的问题。也就是说村干部参与乡村建设的热情不高，加上能力不够。这既是制度问题，也有对农业不了解的问题，是当今乡村中的常态问题。

传统农业文明中乡贤与乡绅、荣归故里的人才与财富返乡已经没有，近半个世纪以来，传统乡村自治被工业文明中的市场经济所取代。当然这种现象不仅仅出现在中国，准确地说是全球性的，只是对一个传统的农业大国来说似乎显得更突出。好在从2005年开始新农村建设就开启了"两个反哺"：工业反哺农业、城市反哺乡村的探索之路，中央财政与项目大量向乡村转移。2005年至今已经15年了，应该说我们还是赶上了好时期：社会稳定、政府支持、专家学者有热情、农民期待、村干部踮着脚盼望村庄能美丽，这一切为我们提供了最好的机会与实践平台。桃源村就是在这样一个背景下进行设计的，并且我们也有不成功的心理准备。

（二）

2014—2015年非常重要，这两年我们只是憋足了劲搏一下。这个项目与郝堂村最大的不同是把住宿（乡宿）与运营放在非常重要的位置。我们之所以这样重视，还有一点就是桃源村还是传统村落（石头垒的村）。新村与旧村并存，有大山，有丘陵，有水库，有小溪，自然条件比郝堂村要好。桃源村地处武汉"两圈"范围，机会难得。"两圈一带"："两圈"是指武汉城市圈和鄂西生态文化旅游圈，"一带"是指长江经济带。"两圈一带"是一个有机的整体，不是三个板块简单相加。实施"两圈一带"战略，既要统筹考虑、整合资源，又要彰显三个板块的个性特色。在这个大战略部署下，湖北省全力推进绿色幸福村。因为有省发展改革委作后盾，加上徐新桥的理念，项目做得务实，催得也紧，督促得也严，资产的配套也及时。

总之，在这个过程中，项目基本达到了我们初步设想的目标。村里第一家咖啡馆有了，孙君的院子有了，引入了一家很有规模与艺术性的摄影基地，陆续有了村里的接待中心、知青客栈、乡村供销社、老汪的茶叶产业……艺术家关注最多。

每一个项目对我们来说都是需要九年才能走完的路：调研—规划与落地—创业与迷茫—觉悟与常态—安居乐业。湖北堰河村、宜城王台三组、枝江关庙山村、河南郝堂村、新县等，都必须有这个过程。这是从外部力量渗透让内生力量苏醒的过程，也有在这个过程中死亡的。无论生与死，对我们来说，教训与经验最为重要。

（三）

桃源村一直处在动态规划设计中，项目落实的快慢不是规划设计来定，而是村民与村镇干部的思想来决定，不能快也不能太慢。纵观整个桃源村建设历程，我们理性地分析，也是我们一直坚持的理由，就是需要时间与空间，让桃源村自觉、自愿、自律。

2013—2015年，是建设落地关键的三年。2016—2019年，是自我觉醒与迷茫时期。这个过程是激活与反思的过程，是放弃还是再出发？桃源村自己会做出选择。不过我相信，2013—2015年，我们给予桃源村人的不仅仅是赚钱与富裕，更多的是给予村干部与乡贤的精神与理念，给予村民的信心与对未来生活的向往。

这个过程中，村干部成长了，也有信心了，更有感觉了，对我们来说，这既出乎意料，又是预料之中的事。

2019—2021年，才是桃源村真正的美丽乡村与乡村振兴的时刻，而不是绿十字、徐新桥、吴天明、华运鹏等离开，桃源项目就终止，就不再持续发展了。桃源村从一开始就没有引入大企业，而是让村民自我成长，在市场与农业规律中一点点成长。这样的生命才会成长。傍大款，卖资源，这叫断子绝孙。我们没有选择这条路，我们的项目一直都坚守初心：还权于村"两委"，以农民为主体，以耕者有其田的小农经济为发展动力，不求快而求稳，不求暴富，只求小富即安，这才是我们心中的乡村振兴。

再出发已摆在我们面前，在北京绿十字孙晓阳主任的带领下，近期再次先后组织团队，考察与调研"2003年堰河村"，到"2011年郝堂村""2013年桃源村与樱桃沟村""2015年新县"等。三年实践，三年"临床试验"，三年再出发。

桃源项目七年后再次准备启动。"给我三个春天"，这三年才是项目的核心，也是真正的乡村建设。记得有首歌唱得好：

全力以赴我们心中的梦，

不经历风雨怎么见彩虹，

没有人能随随便便成功。

……

2019年8月3日于北京

目　录
CONTENTS

鄂西知名生态旅游村——桃源村 ·· 1

　一、区域位置 ·· 2

　二、村情村貌 ·· 3

　三、基础设施 ·· 3

　四、生态资源 ·· 3

世外桃源计划 ·· 5

　一、项目定位 ·· 6

　二、项目方向 ·· 6

　三、桃源农村规划建设导则 ·· 9

农民·房子 ·· 13

　一、典型农房户型 1 ·· 14

　二、典型农房户型 2 ·· 30

　三、典型农房户型 3 ·· 44

　四、典型农房户型 4 ·· 61

　五、典型农房户型 5 ·· 78

　六、典型农房户型 6 ·· 96

桃源村手记 ·· 115

　2014 桃源计划 ·· 116

鄂西知名生态旅游村

——桃源村

一、区域位置

1. 地理交通背景

桃源村（图 1–1）地处大别山和桐柏山相交的峡谷中，隶属于武胜关镇。武胜关镇位于湖北省广水市东部，北与河南信阳市、东与大悟县接壤。距市中心仅 19 公里，107 国道穿境而过，距麻竹高速 10 公里。桃源村位于武胜关镇东北角，村界与大悟县接壤，与河南信阳相邻，面积约 5 万平方公里，属山区村，与大悟县大新镇江山村相邻，距 107 国道 4 公里，距京珠高速大悟大新出口 5 公里，距石武高铁孝感北站 30 公里。

图 1–1　桃源村入口

2. 自然资源背景

桃源村是广水市绿色生态环境保存较好的乡村。整个村子依山傍水，一条南北走向的溪流周围，是树木环绕的小桥流水人家。这里还拥有 2 万多棵柿子树，树龄 100 年以上的有 600 多棵，被专家称为"柿子谷"。

3. 文化村貌背景

桃源村是原始风貌保存较好的古村落。全村民居以石头房为主，成片石头房共有 6 处，建造时间最久的达 200 年，建造时间最短的房子距今也有 50 年。由于地处偏远，乡村古建筑被完好地保存下来。

典型农房设计图集
桃源村

4. 旅游资源

此外，大城寨、仙人洞的美妙传说和至今仍旧保存完好的遗址，为桃源村旅游提供了更加多元化的资源。

二、村情村貌

桃源村四面环山，入口狭小，村主要道路穿过 9 个自然湾，道路两侧千亩良田，石头房子依山而建。受山地影响，村现状为用地布局集中，呈窄长带状。整体海拔 37~42 米。近年砍伐严重，山体植被破坏大。村民主要从事的种植业有小麦、水稻；主要经济作物有茶、桃、柿子等，畜牧业以家庭养殖为主。村内建筑以民居为主，建筑形式多为砌石。桃源村有大量的老柿子树，大城寨遗址就在村内，该村荆楚文化民居保留了大部分，但长久无人居住，年久失修，损坏严重。

三、基础设施

桃源村主要的公共服务设施有村部、卫生室。道路方面：村内道路系统不完善，主路为通村公路，4 米硬质，连接市镇道路通往镇区、大悟县大新镇；各村都有 3.5 米硬质路，其他小路、山道基本为土质，呈放射状布局。给水：生活用水主要采用井水，水质好。排水：排水沟零乱，生活用水与粪便混杂，直接排入周边池塘和荒地，无污水处理设施，水质污染严重。电力能源：市政供电，做饭、取暖以燃煤、烧柴为主。部分使用煤气和电能。环卫：厕所和垃圾站急需改善。

四、生态资源

桃源村风貌古朴，青山叠嶂，具有风光优美的沟谷自然风光。村内有古朴成片石头房屋六处，还有成片的柿子林。茶园、稻田面积广。村内居民生活延续原始农耕生产方式，种植有机农作物。

河道塘堰：桃源河从分水岭起源流入广水河，全长 7.5 公里。流经 4 个自然湾，目前在陈家湾处修建水坝形成水库景观区。

景区景点：省级文物保护"大成寨遗址"、七星桥、仙人洞。

意义与价值：

（1）鄂西山区绿色幸福村的示范村；

3

（2）国内网络博主的休假基地；

（3）摄影和艺术家的采风基地；

（4）以农民共同体为主体的双主体产业模式；

（5）以古旧村落为主要特点的未来乡村。

世外桃源计划

桃源村，如同它的名字一样，有点世外桃源的味道。2012 年开始，孙君和"绿十字"走进桃源村，有了"世外桃源计划"，和当地政府一起，为了保护这个悠久历史的文化村落而一起努力。世外桃源计划项目首要重点是保护旧民居，但不能实施单一的发展旅游的模式，而要以生态修复和复兴传统农耕文化为目的，来激起村民对乡村建设的参与热情，发展乡村经济共同体，建立村庄的养老机制，回归中国乡村的纯真和淳朴。世外桃源计划要促成本土成功人士和知识分子返乡，为他们提供更多介入乡村发展的机会，以各种方式为经济文化的发展搭建平台，让桃源村在有文化的新农村建设中可持续发展。

一、项目定位

1. 目标

　　利用桃源村交通、地缘、旅游和产业优势，通过武胜关桃源村"绿色幸福村"项目，与信阳、大悟等地多层次、全方位合作，发展各具特色的休闲度假旅游。

2. 定位

　　利用桃源村的自然资源优势，定位于高端旅游人群，开发古村落观光度假游，营造湖北一流，环境优美，集摄影、绘画、影视为一体的生态文化旅游休闲山谷，成为鄂西知名有幸福感的原生态旅游村落与广水特色旅游品牌，成为可持续发展、有生命力的生态景区。

3. 项目实施时间

　　2013 年 10 月—2014 年 10 月为项目启动与建设阶段；2014 年 10 月—2015 年 2 月为项目系统与人才培养阶段；2015 年 2 月—2016 年 10 月为项目运营与品牌宣传阶段；2016 年 10 月—2019 年 8 月为项目迷茫与反省阶段；2019 年 8 月—2021 年 10 月为总结与觉悟阶段。

二、项目方向

1. 保护房子

　　桃源村从保护老房子开始。建筑是保留文化最直观的东西，这里有荆楚文化、山寨文化、关隘文化。老房子的老人应该长期住在老房子里，这样既是老房子的看房人，又是一道别样的风景线，也是这些老房子存在的灵魂（图 2-1）。

图 2-1　旧房改造

2. 生态修复

桃源村常年砍伐树木种植香菇、木耳，因而整个村庄背后山上的树林稀少，生态系统破坏严重，整个村需要封山育林。虽然有较多柿子树，但大部分柿子树需要保护起来，在这个基础上，在水渠边上种植一些树。村民在房前屋后种植桃、梨、菊花等，让村庄一年四季都有花开，慢慢恢复整个村庄的生态系统。

（1）特色种植

种植分类及布局如下：

①野花地被组成的花田与农田交错，利用荒地、树下空间、水边、道路边种植，三季花不断。

②向日葵集中种植50亩，高度1米左右，夏季种植，6月中旬、7月初、7月中旬三个播期播种；房前屋后自由撒播，衬托石头房子，高度2.5米；结合花田种植较低矮品种，秋季开花。

③桃、李、杏混种，以在山脚山坡种植为主，按图分布，2019年春节种植3万棵树苗，另移栽3000棵家桃、山桃花、碧桃、梨花、腊梅为景观，不能破坏

7

山体山桃花景观；柿树，新栽 1 万棵树苗，集中栽于北部山区。

④ 结合河道节点种植水生植物，与野花搭配形成不同景观亮点。

⑤ 乔木集中种植于山上，绿化山体。2019 年如无法解决苗木，可先种植灌木搭配野花，也可达到良好的效果。

⑥ 道路不做行道树种植，代以地伏配合野花组合体现乡土气息。

⑦ 高大乔木在田间孤植成景，或成组点缀于河道、道路附近（自然种植，千万不要整齐等距种植）。

（2）乔灌木选择柳树、水杉、杨树、楸树、白皮松、桐树、柿树、枸橘、野栀子、面子树、黄金木、杏李、黄腊梅。

3. 乡村文化复兴

邀请艺术家、建筑师、乡村建设专家、书法家、作家、导演、室内设计师、音乐人、学者来桃源村调研，在桃源村进行田野考察并出谋划策，同时邀请本地民间艺人参与，共同搭建民间艺术创意园。

4. 桃源村产业

大部分村民外出打工、做生意。当地村民想要自己发展油茶、白茶、水稻，水果有板栗、柿子、桃。养殖业：林下养鸡、养牛、养鱼、养猪。村民需要政府提供技术，以及农业保险、小额贷款信息。有待开发的产品：柿子、柿饼、木耳、莼菜、茶叶、茶油、陶罐等。

5. 民俗文化创意园

因为桃源村有荆楚文化的房子，有较好的文化基础，有能够形成民俗文化创意园的氛围，也能让广水乃至随州文化人和民间手艺人有可发展和交流的空间与平台。

6. 启动乡村私家茶馆、酒馆、私家菜系

这部分必须有外来人员参与，在"绿十字"指导下开展，不能无规划、无次序地发展和引入。在村口就有一个当地比较大的茶厂，右边的山都是一座座茶山，因而茶馆必不可少。

茶馆分私家茶：这是针对外来对茶叶感兴趣的人员；草棚茶：针对来的众多游客，搭建草棚在村里，免费提供来客茶水。

7. 桃源村内置金融搭建

在建设和发展中，村集体不能没资金，村民也不能没处贷款，只有在村内部把资金运转起来，桃源村的新农村建设才会持续发展。桃源村是从保护开始，也是从生产开始，然后才是生活，因为离开的村民较多，这个项目需要政府政策、项目相关部门配合和资金支持，需要村里成功人士的回归和出钱出力、当地老艺人的献计献策、村民的积极配合和行动、当地驴友志愿者的加入、专家的专业和文化指导、"绿十字"的统筹等。

三、桃源农村规划建设导则

为加快桃源村建设步伐，提高农村居民生活环境，实现全面协调可持续发展的生态桃源建设目标，根据建设部（现住房城乡建设部）《村镇规划编制办法》和《湖北省新农村建设村庄规划编制技术导则》、鄂战略规划办《"绿色幸福村"示范建设工作方案》（〔2012〕41 号）文件精神，结合桃源村实际情况，充分运用北京市延庆县绿十字生态文化传播中心专家组对桃源村的调研成果，按照"居住 + 基本生活配套 + 产业 + 公共服务"的新乡村社区发展模式，制定《桃源农村规划建设导则》，用于指导桃源村规划建设。

1. 基础设施规划建设

（1）原有树木、河流、道路、老建筑等设施红线标识，予以保留，房屋场地标高结合地形设计，尽量不要破坏原有地形，保持村庄原有风貌；

（2）乡村道路遵循地形、依据地势修建，有高、低、弯，强调自然，依山就势；

（3）消防通道尽量保留，消防栓间距按规范设置，也可恢复乡村传统消防手段；

（4）注重给排水设施，采取雨污分流的形式，建立完善的生态污水处理系统；

（5）科学合理配置生态型公共厕所，保持粪肥回田功能；

（6）集中建设公共墓地，方便祭祖，保留民俗；

（7）禁止建围墙（若新建房屋，因特别要求，可控制在 1.2 米以下，要求用本地材料），社区公共部分不得建杂屋；

（8）路灯应尽量回避使用城市化路灯，其他设施也尽量回避使用城市设施，如资源分类桶、大理石与墙砖、非本地树种等；

（9）建筑风格坚持主色调统一，体现本地建材本来色料的占 80%，现代建筑材料的占 15%，自选色彩的 5%，提倡"一个地区一个风格"；

（10）社区规模因地制宜，支持跨村合建，鼓励节约集约用地。

2. 生活服务配套设施建设

（1）由村"两委"班子对新建房屋的宅基地进行分配；

（2）可保留猪圈，保留农家菜地，但要与居住区分开设置；

（3）除厨房、厕所用瓷砖外，墙面不提倡用瓷砖；室内与室外不提倡使用不锈钢、大理石等建材；

（4）社区大量保留"亭廊"的感觉，保留村民公共聊天的空间；

（5）建设资源分类中心，注重垃圾干湿分开，控制好厨房湿垃圾，建立完善的垃圾收集系统（图 2-2）；

图 2-2　资源分类中心

（6）公共设施部分使用混凝土要控制比例，除必要的晒场外，道路与广场、庭院地面尽量使用本地材料，合理利用废料（如三合土地面、废弃混凝土块、砖头等），做到生态、美观、实用；

（7）完善社区服务功能，积极引导卫生室、便民超市、农贸菜场、交通站点、文化站在新社区设立。

3. 文化居住环境建设

（1）尽可能恢复传统文化标识；

（2）除防洪需要护堤护坎外，尽量保留河湾、堰塘等小型水体。保障农业灌溉，形成水域景观。河、堰应结合地域文化与当地生活习俗建设，在达到质量要求前提下，尽可能减少硬化工程。

4. 景观植物选择

所有树种应种植本地四季落叶树而非四季常青树，30% 左右是有果实的树，给鸟类提供足够的食品。每户人家种植乔灌木 10 种以上，一个乡村社区种植乔灌木 100 种以上，禁止种植城市草坪、非本地的花草，形成稳定的树种系统和安全防护系统。

5. 社区建设要符合本地建筑特性

鼓励将新社区建成有乡村感的家园，使社区内的构筑物形成具有本地特征的地方效果。

农民·房子

一、典型农房户型 1

典型农房设计图集 桃源村

典型农房户型 1 效果图 1

典型农房户型 1 效果图 2

典型农房户型 1 院落效果图

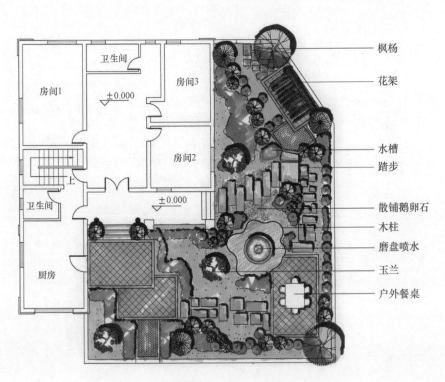

枫杨

花架

水槽

踏步

散铺鹅卵石

木柱

磨盘喷水

玉兰

户外餐桌

房间1

卫生间

±0.000

房间3

房间2

上

±0.000

卫生间

厨房

典型农房户型 1 总平面图

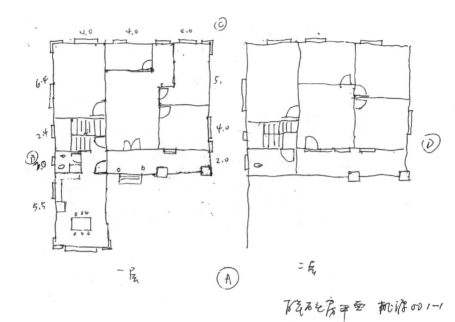

典型农房户型 1 手绘图 1

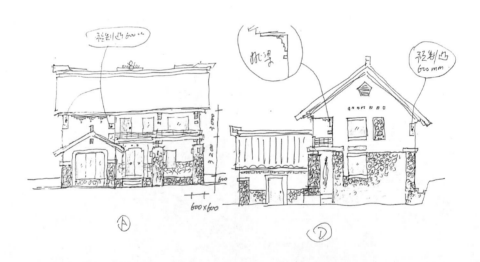

典型农房户型 1 手绘图 2

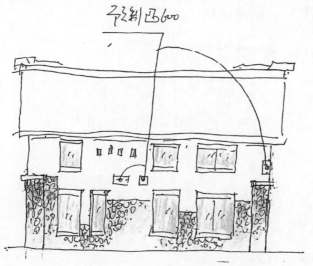

典型农房户型 1 手绘图 3

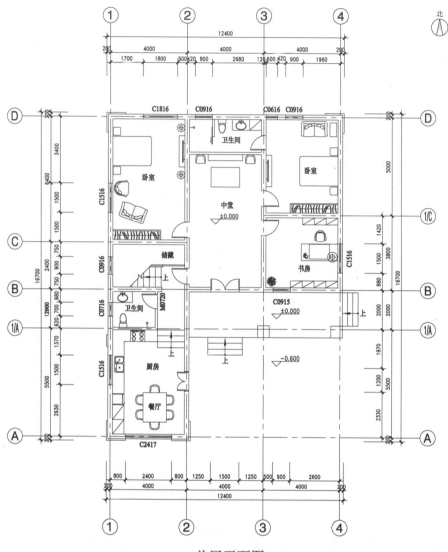

北

首层平面图

建筑面积：142.45m²
总建筑面积：262.43m²

说明：

1. 图中未标明墙体为普通实心水泥砖；

2. 图中未标明砌体厚240mm，未标明门
   垛为轴线到边240mm；

3. 厨房、厕所较相应楼面-0.03m；

4. 尺寸单位：m，mm。

0m   5m

2m   10m

典型农房户型1首层平面图

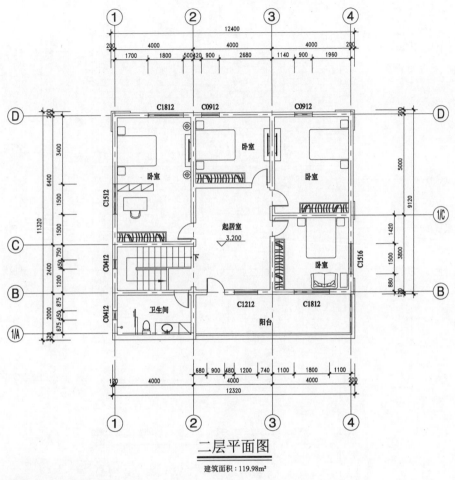

二层平面图

建筑面积：119.98m²

说明：

1. 图中未标明墙体为普通实心水泥砖；
2. 图中未标明砌体厚240mm，未标明门
   垛为轴线到边240mm；
3. 厨房、厕所较相应楼面 -0.03m；
4. 尺寸单位：m，mm。

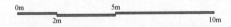

典型农房户型 1 二层平面图

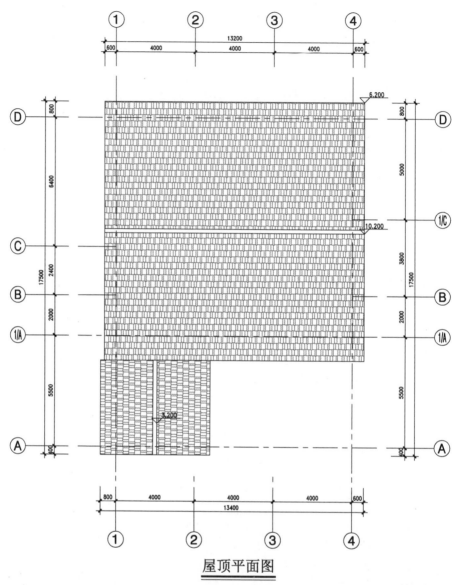

屋顶平面图

典型农房户型 1 屋顶平面图

说明：

1. 图中未标明墙体为普通实心水泥砖；

2. 图中未标明砌体厚240mm，未标明门
   垛为轴线到边240mm；

3. 厨房、厕所较相应楼面 −0.03m；

4. 尺寸单位：m，mm。

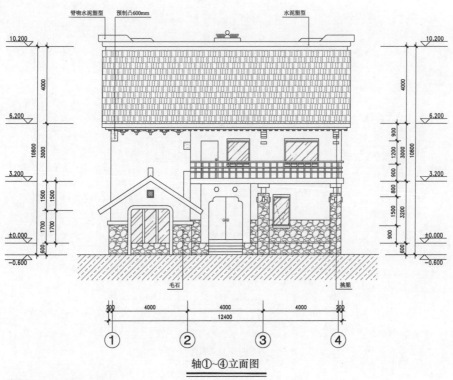

脊吻水泥塑型　预制凸600mm　　　　　　　水泥塑型

毛石　　　　　挑梁

轴①~④立面图

说明:
1. 图中未标明墙体为普通实心水泥砖;
2. 图中未标明砌体厚240mm, 未标明门
   垛为轴线到边240mm;
3. 厨房、厕所较相应楼面−0.03m;
4. 尺寸单位: m, mm。

典型农房户型 1 轴立面图 1

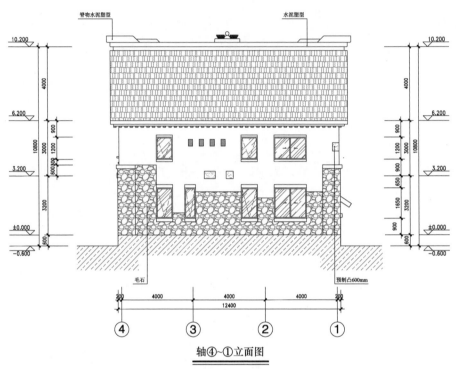

脊物水泥塑型　　　　水泥塑型

10.200

4000

6.200
　　900
　　1200
3000　　300
　　600 300

3.200

10800

3200

±0.000
600
−0.600

毛石　　　　　　　　　　　预制凸600mm

200　4000　　4000　　4000　200
12400

④　　　③　　　②　　　①

10.200

4000

6.200
900
1200
3000
900
3.200
650
1650
3200
900
±0.000
600
−0.600

轴④~①立面图

说明:

1. 图中未标明墙体为普通实心水泥砖;

2. 图中未标明砌体厚240mm,未标明门
　 垛为轴线到边240mm;

3. 厨房、厕所较相应楼面−0.03m;

4. 尺寸单位: m,mm。

0m　　　　　　5m
　　2m　　　　　　　　10m

典型农房户型 1 轴立面图 2

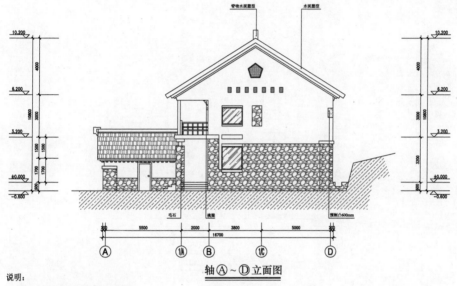

轴Ⓐ~Ⓓ立面图

说明：

1. 图中未标明墙体为普通实心水泥砖；
2. 图中未标明砌体厚240mm，未标明门
   垛为轴线到边240mm；
3. 厨房、厕所较相应楼面−0.03m；
4. 尺寸单位：m，mm。

典型农房户型1轴立面图3

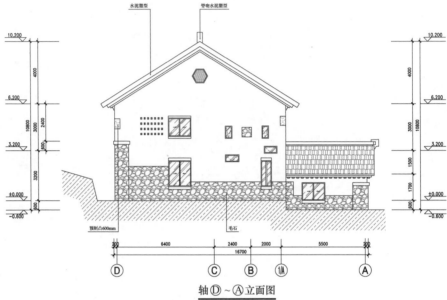

轴Ⓓ~Ⓐ立面图

说明：
1. 图中未标明墙体为普通实心水泥砖；
2. 图中未标明砌体厚240mm，未标明门
   垛为轴线到边240mm；
3. 厨房、厕所较相应楼面−0.03m；
4. 尺寸单位：m，mm。

典型农房户型1轴立面图4

24

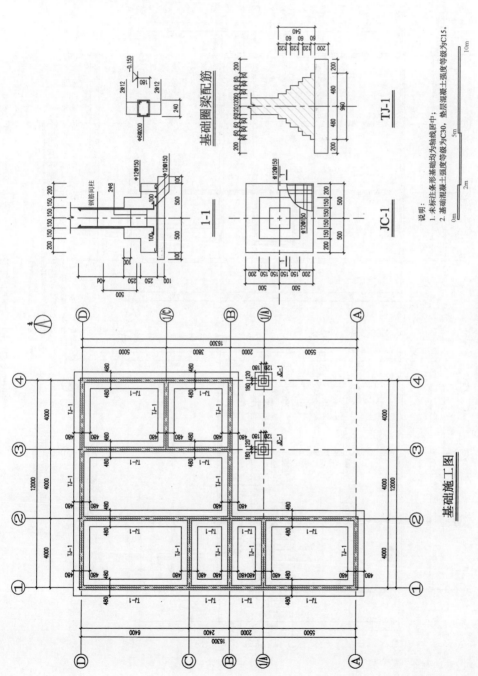

基础施工图

典型农房户型1 基础施工图

说明：
1. 未标注多条形基础均为轴线居中；
2. 基础混凝土强度等级为C30，垫层混凝土强度等级为C15。

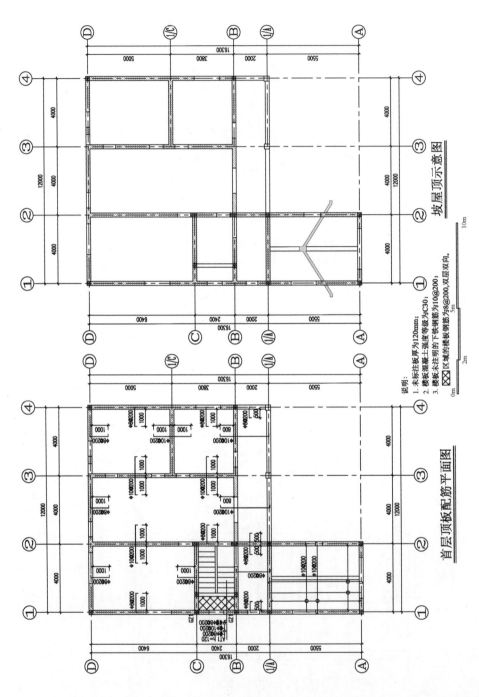

坡屋顶示意图

首层顶板配筋平面图

说明:
1. 未标注板厚为120mm;
2. 楼板混凝土强度等级为C30;
3. 楼板未注明的下铁钢筋为Φ8@200,双层双向;
⊠区域的楼板钢筋为Φ10@200,双层双向。

典型农房户型1基础施工图

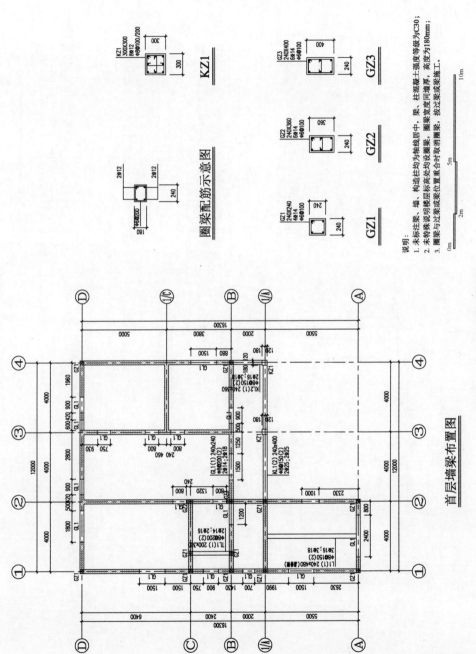

圈梁配筋防示意图

KZ1

GZ1 GZ2 GZ3

说明:
1. 未标注梁、墙、柱、构造柱均为轴线居中,梁、柱混凝土强度等级为C30;
2. 未特殊说明楼层两处标高处均为坡屋顶标高,圈梁宽度同墙厚,圈梁与过梁或消梁位置重合时取消圈梁,按过梁或梁或梁施工;
3. 圈梁与过梁或消梁位置重合时取消圈梁,按过梁或梁施工。

首层墙梁布置图

典型农房户型1墙梁布置图

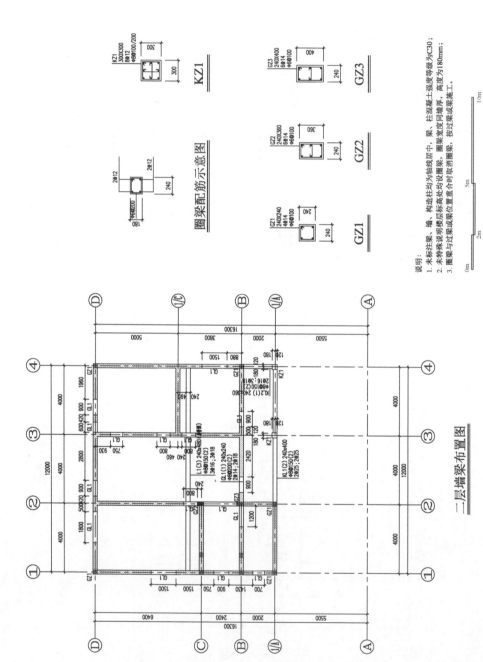

圈梁配筋示意图

KZ1

GZ1　GZ2　GZ3

说明：
1. 未标注梁、墙、构造柱均为轴线居中，梁、柱混凝土强度等级为C30；
2. 未特殊说明楼层标高处均设设圈梁，圈梁宽度同墙厚，圈梁宽度同墙厚，高度为180mm；
3. 圈梁与过梁或墙位置重合时取消圈梁，按过梁或梁施工。

典型农房户型 1 墙梁布置图

二层墙梁布置图

典型农房设计图集

桃源村

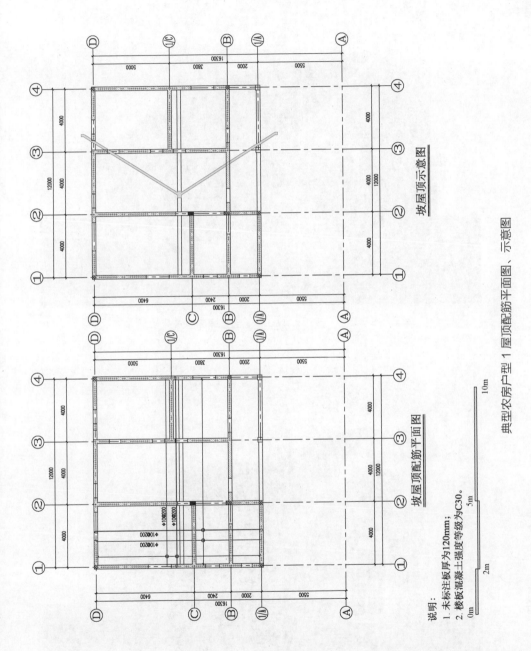

坡屋顶示意图

坡屋顶配筋平面图

典型农房户型1屋顶配筋平面图、示意图

说明：
1. 未标注板厚为120mm；
2. 楼板混凝土强度等级为C30。

二、典型农房户型 2

典型农房户型 2 效果图 1

典型农房户型 2 效果图 2

典型农房户型 2 院落效果图

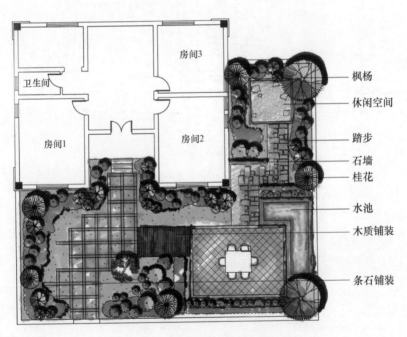

典型农房户型 2 总平面图

31

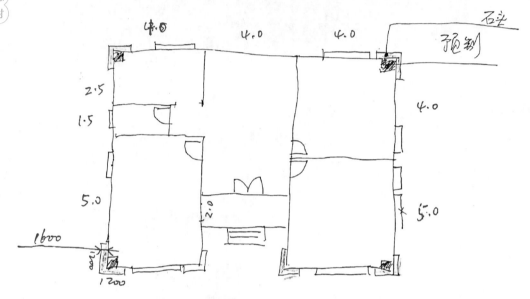

典型农房户型 2 手绘图 1

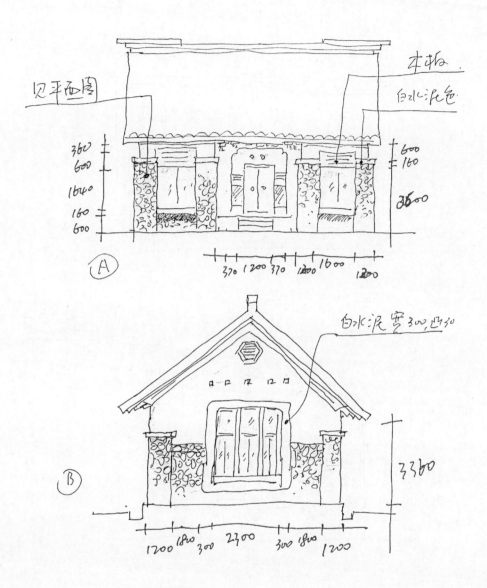

见平面图

木柏

白水泥色

360
600
1840
160
600

600
160
3600

Ⓐ

370 1200 370 1200 1600 1200

白水泥窗 300 边30

Ⓑ

3380

1200 1800 300 2700 300 1800 1200

村湾 002-2

典型农房户型2手绘图2

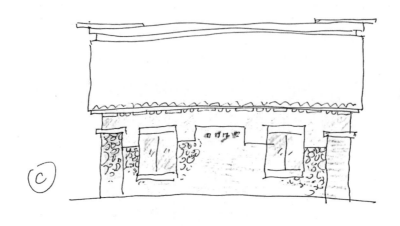

Ⓒ

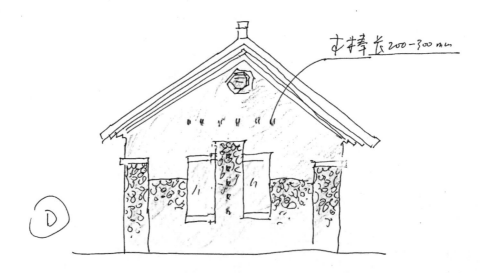

主撑长200-300mm

Ⓓ

桃源002-3

典型农房户型2手绘图3

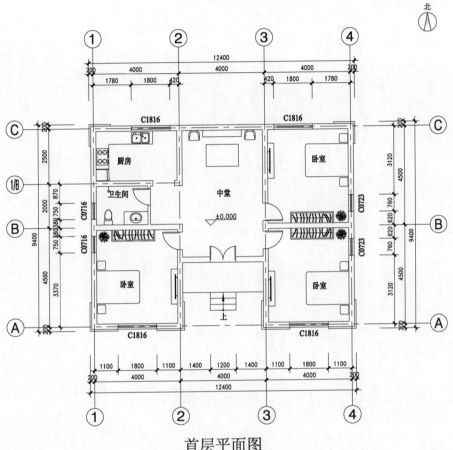

北

首层平面图

总建筑面积：111.06m²

说明：

1. 图中未标明墙体为普通实心水泥砖；

2. 图中未标明砌体厚240mm，未标明门

 垛为轴线到边240mm；

3. 厨房、厕所较相应楼面−0.03m；

4. 尺寸单位：m，mm。

典型农房户型 2 首层平面图

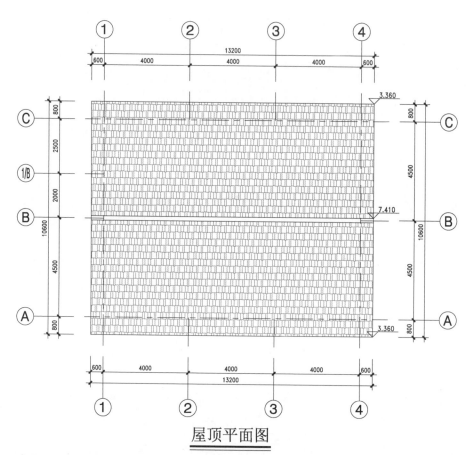

屋顶平面图

说明:

1. 图中未标明墙体为普通实心水泥砖;

2. 图中未标明砌体厚240mm,未标明门
   垛为轴线到边240mm;

3. 厨房、厕所较相应楼面−0.03m;

4. 尺寸单位: m, mm。

典型农房户型2屋顶平面图

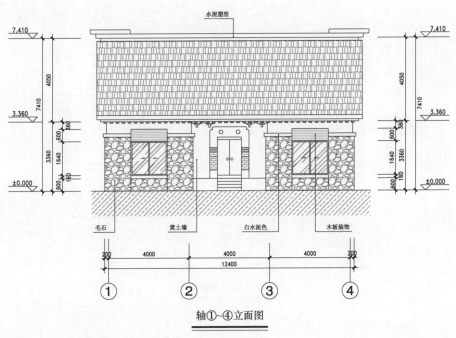

轴①~④立面图

说明：

1. 图中未标明墙体为普通实心水泥砖；

2. 图中未标明砌体厚240mm，未标明门

   垛为轴线到边240mm；

3. 厨房、厕所较相应楼面-0.03m；

4. 尺寸单位：m，mm。

典型农房户型 2 轴立面图 1

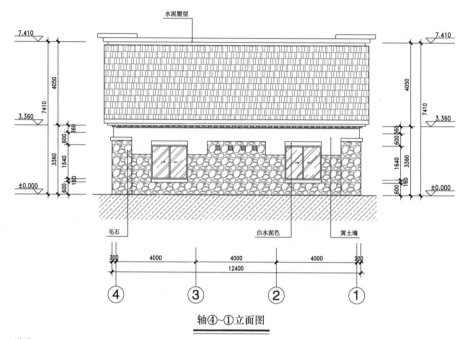

水泥塑型

毛石　　　　白水泥色　　　　黄土墙

轴④~①立面图

说明:

1. 图中未标明墙体为普通实心水泥砖;

2. 图中未标明砌体厚240mm, 未标明门

　垛为轴线到边240mm;

3. 厨房、厕所较相应楼面-0.03m;

4. 尺寸单位: m, mm。

典型农房户型 2 轴立面图 2

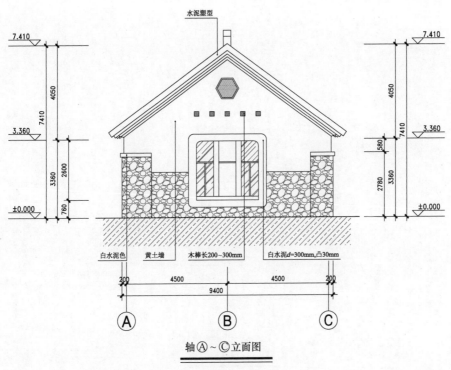

轴Ⓐ~Ⓒ立面图

说明:

1. 图中未标明墙体为普通实心水泥砖;

2. 图中未标明砌体厚240mm,未标明门
   垛为轴线到边240mm;

3. 厨房、厕所较相应楼面-0.03m;

4. 尺寸单位:m,mm。

典型农房户型2轴立面图3

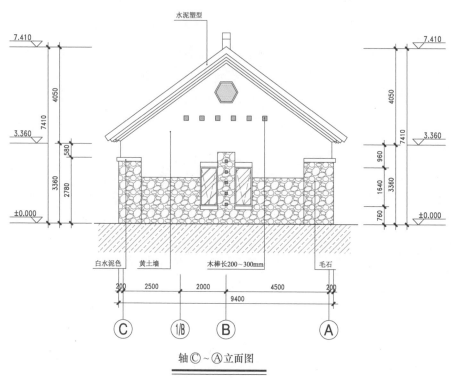

水泥塑型

7.410

4050

3.360

580

3360

2780

±0.000

白水泥色　黄土墙　　木棒长200～300mm　　毛石

200　2500　　2000　　　4500　　200

9400

Ⓒ　1/Ⓑ　Ⓑ　Ⓐ

7.410

4050

7410

3.360

960

1640

3360

760

±0.000

轴Ⓒ～Ⓐ立面图

说明：

1. 图中未标明墙体为普通实心水泥砖；

2. 图中未标明砌体厚240mm，未标明门
   垛为轴线到边240mm；

3. 厨房、厕所较相应楼面 −0.03m；

4. 尺寸单位：m，mm。

0m　　　　　　5m

2m　　　　　　　　　10m

典型农房户型 2 轴立面图 4

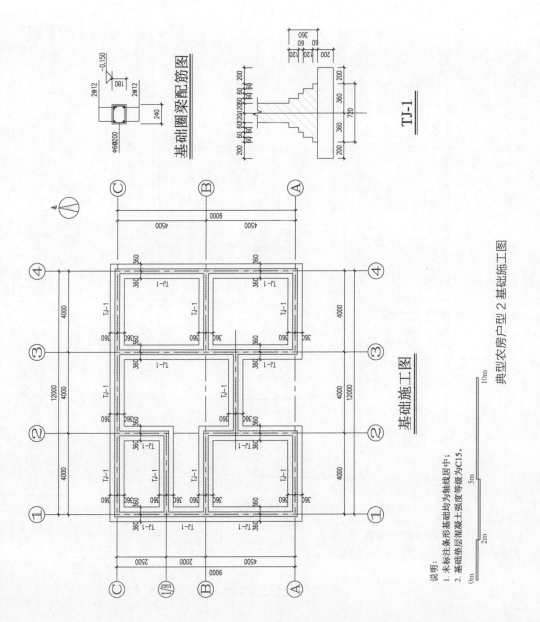

基础圈梁配筋图

TJ-1

基础施工图

典型农房户型2 基础施工图

说明：
1. 未标注条形基础均为轴线居中；
2. 基础垫层混凝土强度等级为C15。

桃源村

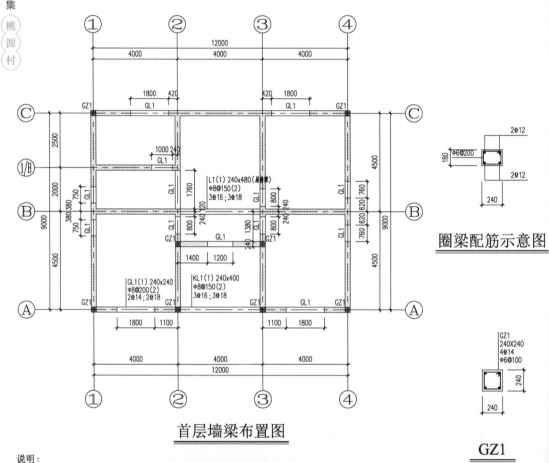

首层墙梁布置图

圈梁配筋示意图

GZ1

GZ1
240X240
4±14
Φ6@100

说明：
1. 未标注梁、墙、构造柱均为轴线居中，梁、柱混凝土强度等级为C30；
2. 未特殊说明楼层标高处均设圈梁，圈梁宽度同墙厚，高度为180mm；
3. 圈梁与过梁或梁位置重合时取消圈梁，按过梁或梁施工。

0m   5m
  2m   10m

典型农房户型 2 首层墙梁布置图

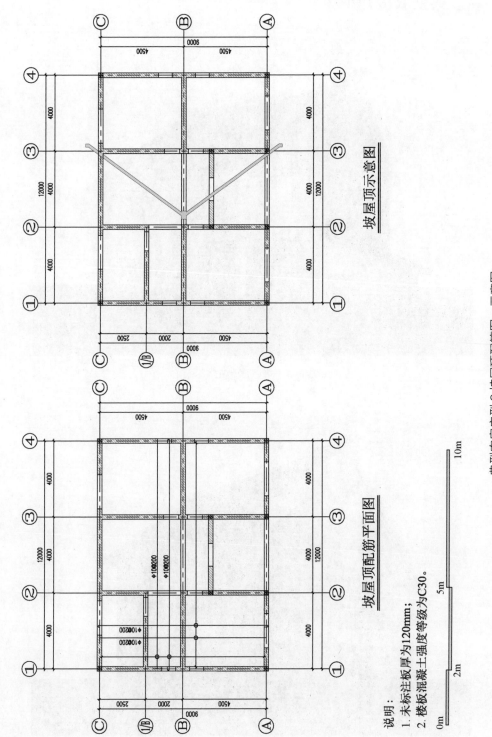

坡屋顶示意图

坡屋顶配筋平面图

说明:
1. 未标注板厚为120mm;
2. 楼板混凝土强度等级为C30。

典型农房户型 2 坡屋顶配筋图、示意图

三、典型农房户型3

典型农房户型 3 效果图 1

典型农房户型 3 效果图 2

桃源 吻姆果图

典型农房户型 3 院落效果图

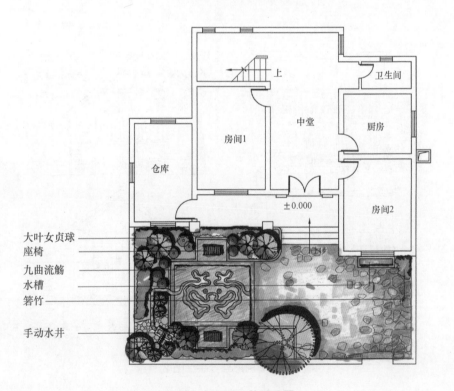

上

卫生间

房间1 中堂 厨房

仓库

±0.000

房间2

大叶女贞球
座椅
九曲流觞
水槽
箬竹

手动水井

典型农房户型 3 总平面图

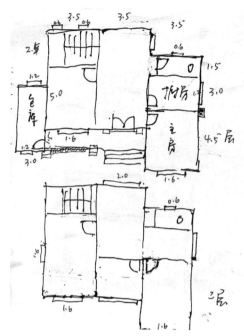

典型农房户型 3 手绘图 1

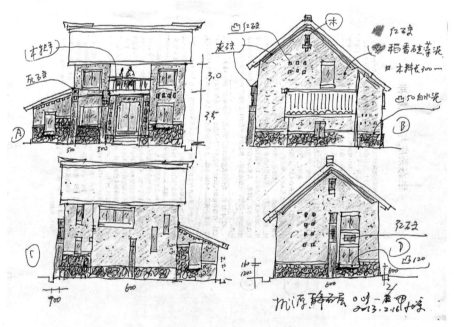

典型农房户型 3 手绘图 2

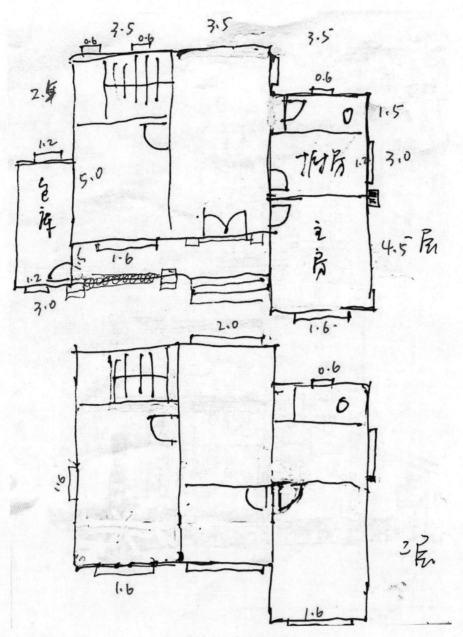

3.5   3.5   3.5

0.6   0.6   0.6   1.5

2.5   1.2   5.0   厨房   1.2   3.0

仓库   主房   4.5屋

1.2   1.6
3.0   2.0   1.6

0.6
0
1.6
1.6   1.6   2层

典型农房户型 3 手绘图 3

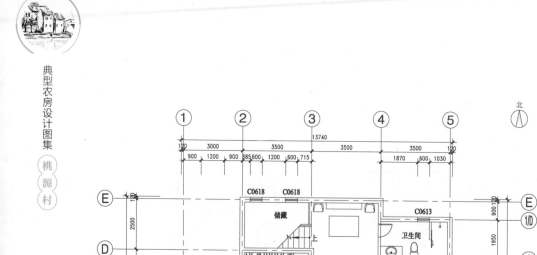

首层平面图

建筑面积：106.13m²
总建筑面积：197.00m²

说明：

1. 图中未标明墙体为普通实心水泥砖；

2. 图中未标明砌体厚240mm，未标明门

   垛为轴线到边240mm；

3. 厨房、厕所较相应楼面−0.03m；

4. 尺寸单位：m，mm。

典型农房户型3首层平面图

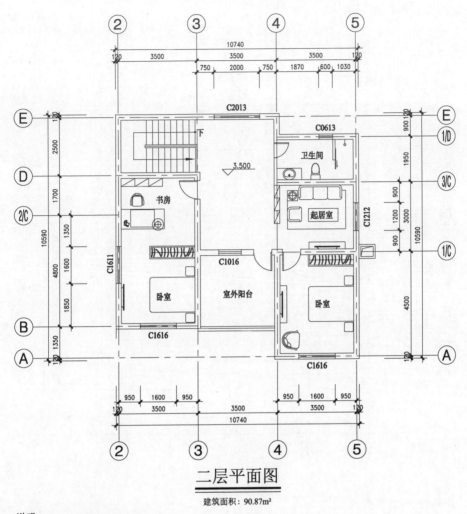

二层平面图

建筑面积：90.87m²

说明：

1. 图中未标明墙体为普通实心水泥砖；

2. 图中未标明砌体体厚240mm，未标明门

   垛为轴线到边240mm；

3. 厨房、厕所较相应楼面 −0.03m；

4. 尺寸单位：m，mm。

典型农房户型 3 二层平面图

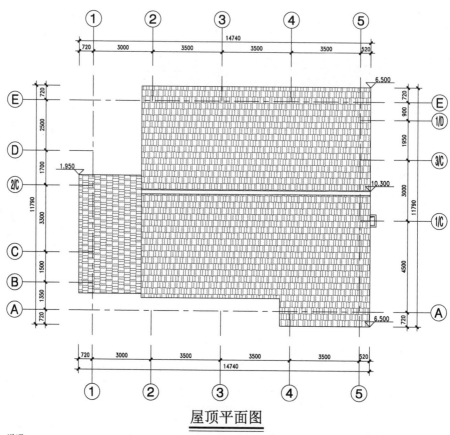

屋顶平面图

说明：

1. 图中未标明墙体为普通实心水泥砖；

2. 图中未标明砌体厚240mm，未标明门
   垛为轴线到边240mm；

3. 厨房、厕所较相应楼面-0.03m；

4. 尺寸单位：m，mm。

```
0m              5m
    2m              10m
```

典型农房户型3屋顶平面图

50

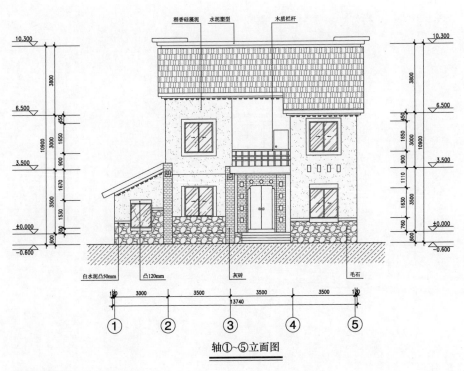

轴①~⑤立面图

说明:
1. 图中未标明墙体为普通实心水泥砖;
2. 图中未标明砌体厚240mm,未标明门
   垛为轴线到边240mm;
3. 厨房、厕所较相应楼面 −0.03m;
4. 尺寸单位: m, mm。

典型农房户型 3 轴立面图 1

典型农房设计图集
桃源村

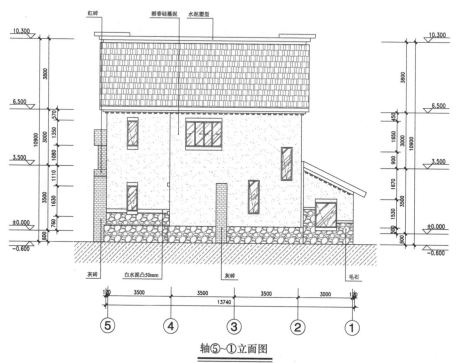

红砖　　　　稻香硅藻泥　　水泥塑型

灰砖　　白水泥凸50mm　　　灰砖　　　　　毛石

13740

⑤　　　　④　　　　③　　　　②　　　　①

轴⑤~①立面图

说明：

1. 图中未标明墙体为普通实心水泥砖；

2. 图中未标明砌体厚240mm，未标明门

　垛为轴线到边240mm；

3. 厨房、厕所较相应楼面−0.03m；

4. 尺寸单位：m，mm。

典型农房户型 3 轴立面图 2

52

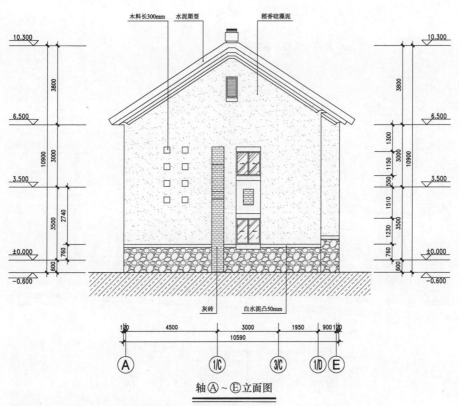

轴Ⓐ~Ⓔ立面图

说明：

1. 图中未标明墙体为普通实心水泥砖；

2. 图中未标明砌体厚240mm，未标明门
   垛为轴线到边240mm；

3. 厨房、厕所较相应楼面-0.03m；

4. 尺寸单位：m，mm。

典型农房户型3轴立面图3

53

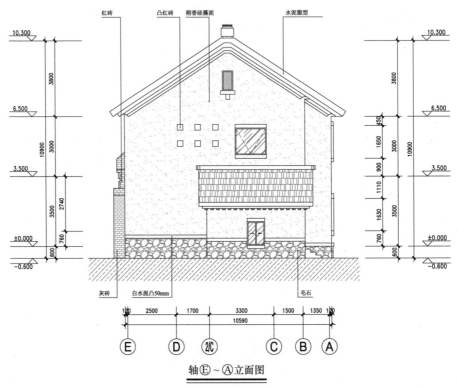

红砖　凸红砖　稻香硅藻泥　　　　水泥塑型

灰砖　　白水泥凸50mm　　　　　　毛石

10.300

3800

6.500

10900　3000

3.500

3500　2740

±0.000　760　600

−0.600

450

1650

900

1110

1630

760　600

10.300

3800

6.500

3000　10900

3.500

3500

±0.000

−0.600

120　2500　1700　3300　1500　1350　120

10590

E　D　2/C　C　B　A

轴 E ~ A 立面图

说明：

1. 图中未标明墙体为普通实心水泥砖；

2. 图中未标明砌体厚240mm，未标明门

　垛为轴线到边240mm；

3. 厨房、厕所较相应楼面−0.03m；

4. 尺寸单位：m，mm。

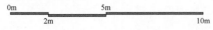

0m　　　　　　　　5m

2m　　　　　　　　　　10m

典型农房户型 3 轴立面图 4

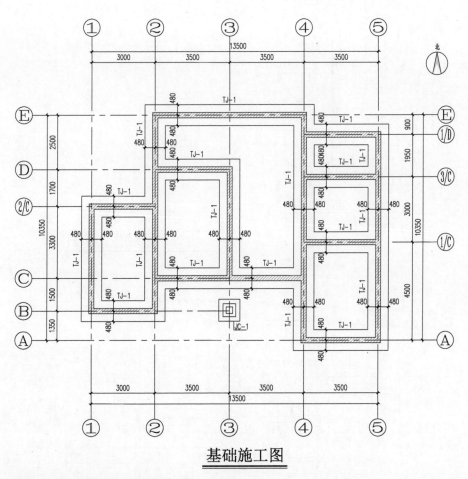

基础施工图

说明：
1. 未标注条形基础均为轴线居中；
2. 基础混凝土强度等级为C30，垫层混凝土强度等级为C15。

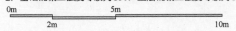

典型农房户型 3 基础施工图

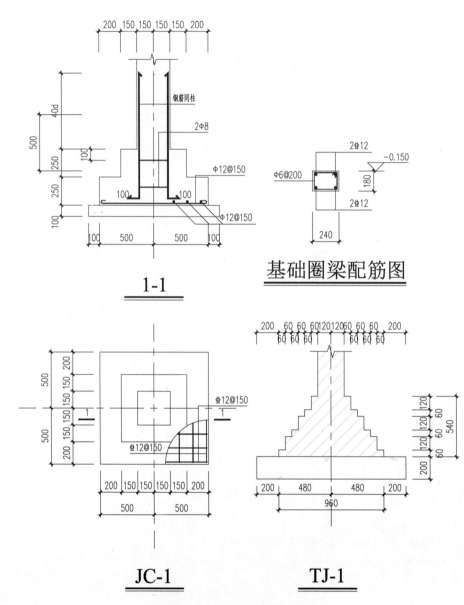

基础圈梁配筋图

1-1

JC-1   TJ-1

典型农房户型 3 基础圈梁配筋图

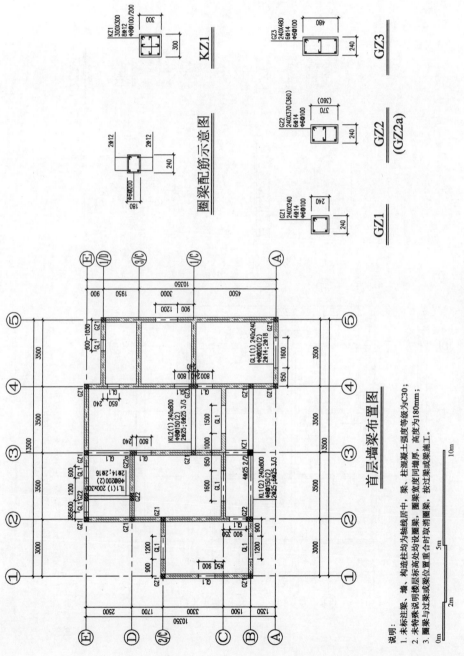

57

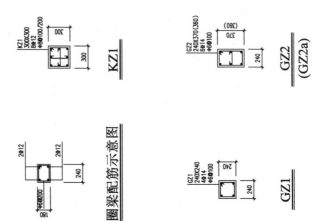

圈梁配筋示意图

KZ1

GZ2
(GZ2a)

GZ1

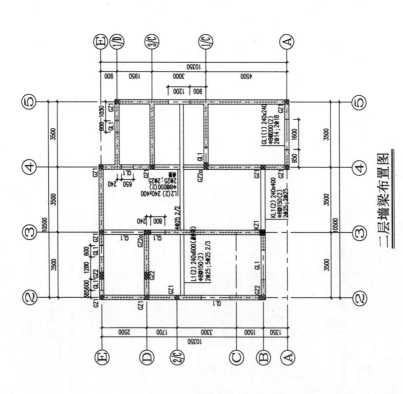

二层墙梁布置图

说明：
1. 未标注梁、墙、构造柱均为轴线居中，梁、柱混凝土强度等级为C30；
2. 未特殊说明楼层标高处均设圈梁，圈梁宽度同墙厚，高度为180mm；
3. 圈梁与过梁或梁位置重合时取消圈梁。按过梁或梁施工。

典型农房户型3墙梁布置图（二）

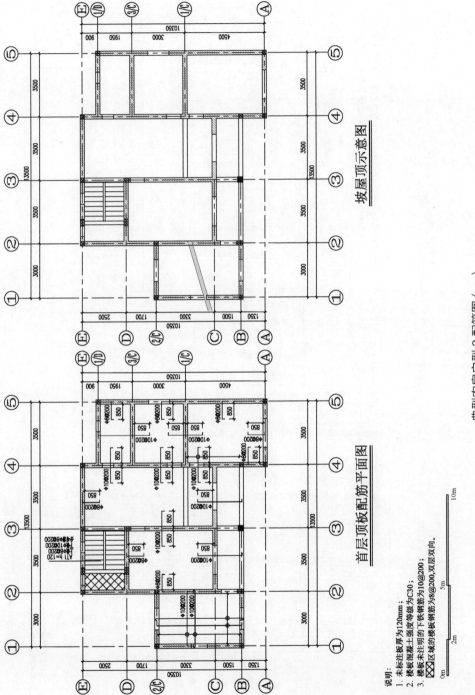

坡屋顶示意图

首层顶板配筋平面图

典型农房户型 3 配筋图（一）

说明：
1. 未标注板厚为120mm；
2. 楼板混凝土强度等级为C30；
3. 楼板未注明的下铁钢筋为10@200；⊠区域的楼板钢筋为8@200,双层双向。

典型农房设计图集

桃源村

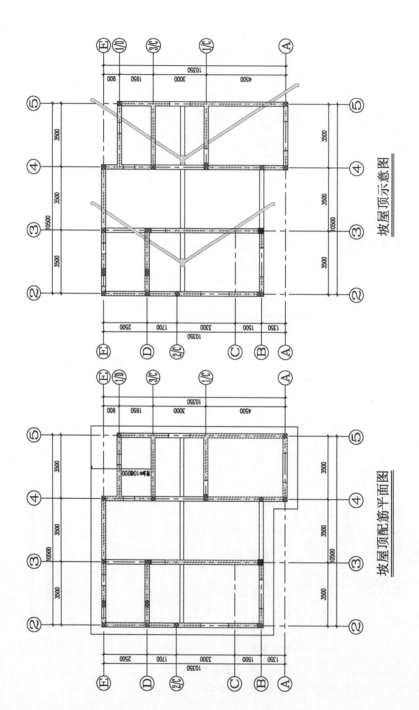

坡屋顶示意图

坡屋顶配筋平面图

典型农房户型 3 配筋图（二）

说明：
1. 未标注板厚为120mm；
2. 楼板混凝土强度等级为C30。

0m   2m   5m   10m

60

四、典型农房户型 4

典型农房户型 4 效果图 1

典型农房户型 4 效果图 2

桃源04户型效果图.

典型农房户型 4 院落效果图

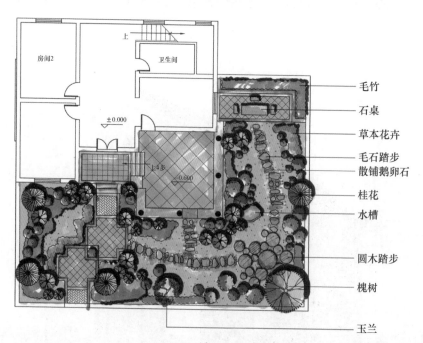

房间2

上

卫生间

± 0.000

上4步

-0.600

毛竹

石桌

草本花卉

毛石踏步
散铺鹅卵石

桂花

水槽

圆木踏步

槐树

玉兰

典型农房户型 4 总平面图

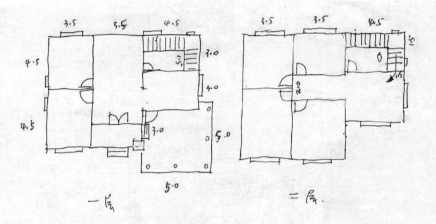

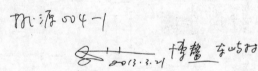

典型农房户型 4 手绘图 1

典型农房设计图集

桃源村

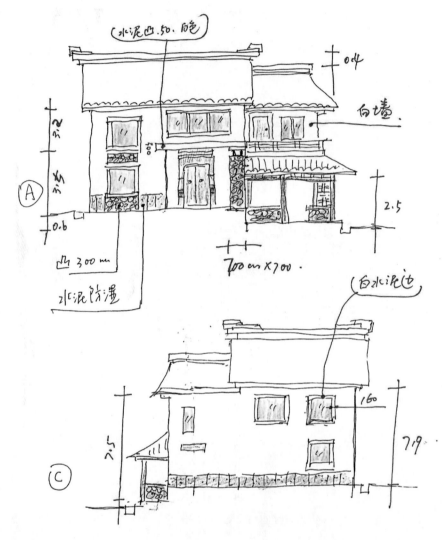

（水泥凸.50. 晚）

□4

白墙.

A

0.6

凸 300 mm

水泥防潮

700 cm×700.

白水泥边

160

7.9.

C

2.5

3.2

桃源004-2

典型农房户型4 手绘图2

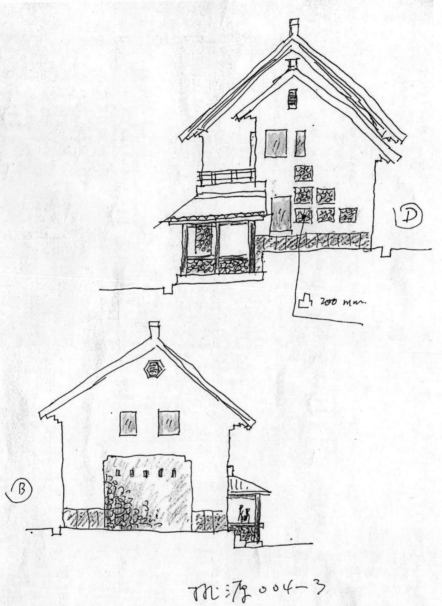

典型农房户型 4 手绘图 3

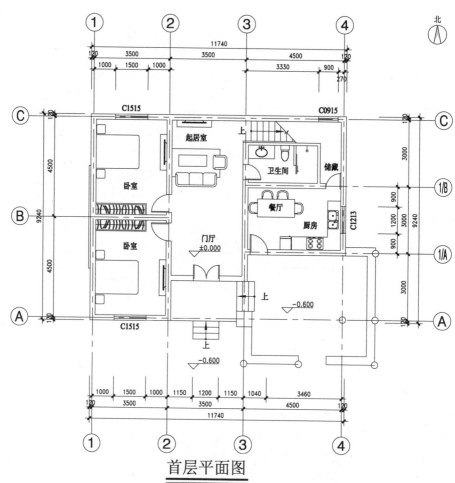

首层平面图

建筑面积：88.68m²
总建筑面积：183.66m²

说明：

1. 图中未标明墙体为普通实心水泥砖；

2. 图中未标明砌体厚240mm，未标明门
   垛为轴线到边240mm；

3. 厨房、厕所较相应楼面−0.03m；

4. 尺寸单位：m，mm。

典型农房户型4首层平面图

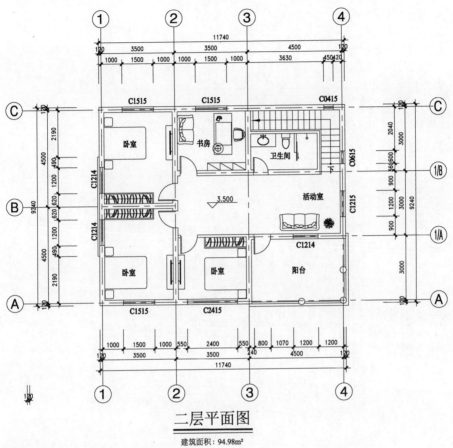

二层平面图

建筑面积：94.98m²

说明：

1. 图中未标明墙体为普通实心水泥砖；

2. 图中未标明砌体厚240mm，未标明门
   垛为轴线到边240mm；

3. 厨房、厕所较相应楼面－0.03m；

4. 尺寸单位：m，mm。

典型农房户型 4 二层平面图

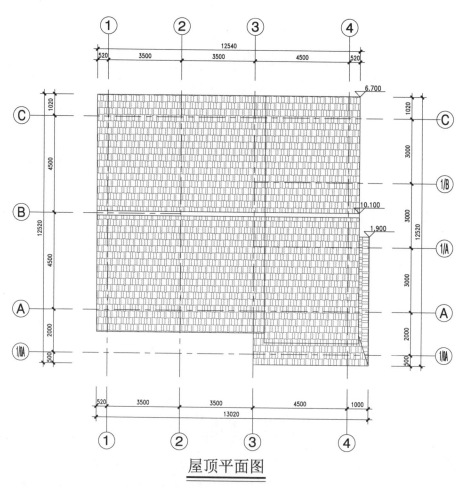

屋顶平面图

说明：

1. 图中未标明墙体为普通实心水泥砖；

2. 图中未标明砌体厚240mm，未标明门
   垛为轴线到边240mm；

3. 厨房、厕所较相应楼面−0.03m；

4. 尺寸单位：m，mm。

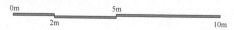

典型农房户型4屋顶平面图

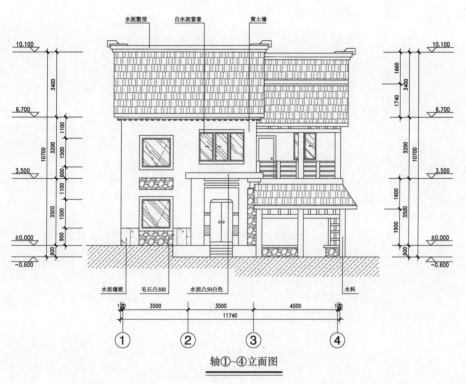

轴①~④立面图

说明:
1. 图中未标明墙体为普通实心水泥砖;
2. 图中未标明砌体厚240mm,未标明门
   垛为轴线到边240mm;
3. 厨房、厕所较相应楼面 -0.03m;
4. 尺寸单位:m,mm。

典型农房户型4轴立面图1

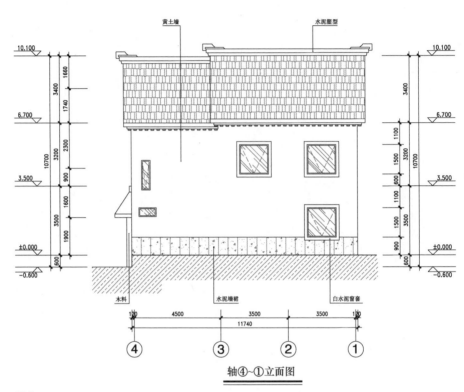

黄土墙　　　水泥塑型

木料　　　水泥墙裙　　　白水泥窗套

4500　3500　3500
11740

④　③　②　①

轴④~①立面图

说明:
1. 图中未标明墙体为普通实心水泥砖;
2. 图中未标明砌体厚240mm,未标明门垛为轴线到边240mm;
3. 厨房、厕所较相应楼面−0.03m;
4. 尺寸单位: m,mm。

0m　　5m
2m　　　　10m

典型农房户型4轴立面图2

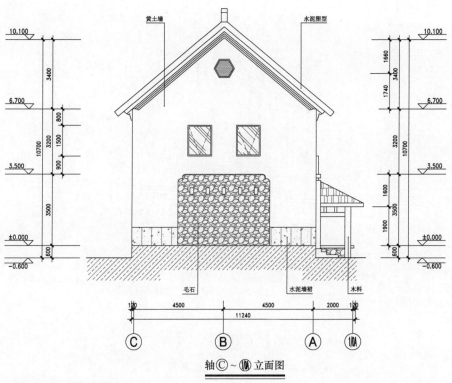

黄土墙　　　　水泥塑型

10.100

6.700

3.500

±0.000

−0.600

毛石　　　水泥墙裙　　木料

轴©~⑭立面图

说明：

1. 图中未标明墙体为普通实心水泥砖；

2. 图中未标明砌体厚240mm，未标明门
   垛为轴线到边240mm；

3. 厨房、厕所较相应楼面−0.03m；

4. 尺寸单位：m，mm。

典型农房户型 4 轴立面图 3

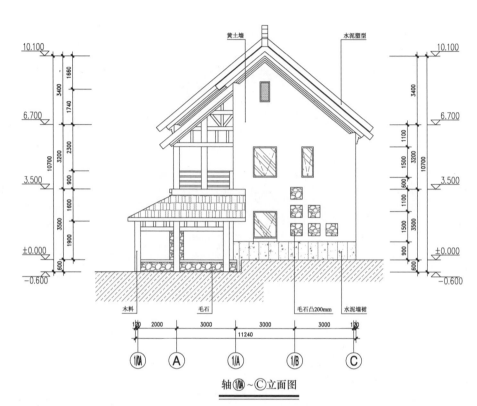

黄土墙　　　水泥塑型

10.100

6.700

3.500

±0.000

−0.600

木料　　　毛石　　　毛石凸200mm　　水泥墙裙

10.100

6.700

3.500

±0.000

−0.600

1/A　　A　　1/A　　1/B　　C

11240

轴①A~©立面图

说明:

1. 图中未标明墙体为普通实心水泥砖;

2. 图中未标明砌体厚240mm,未标明门

　垛为轴线到边240mm;

3. 厨房、厕所较相应楼面−0.03m;

4. 尺寸单位: m, mm。

0m　　　　　5m

2m　　　　10m

典型农房户型 4 轴立面图 4

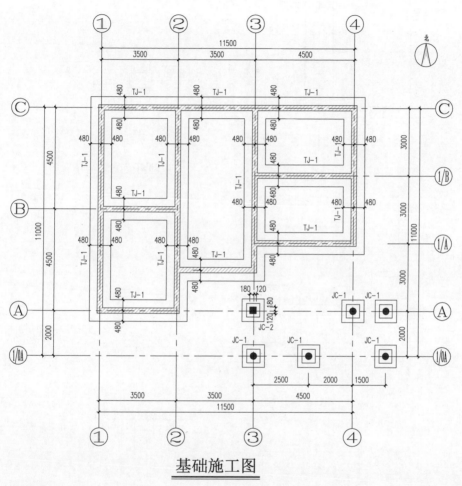

基础施工图

说明:
1. 未标注条形基础均为轴线居中;
2. 基础混凝土强度等级为C30,垫层混凝土强度等级为C15。

典型农房户型 4 基础施工图

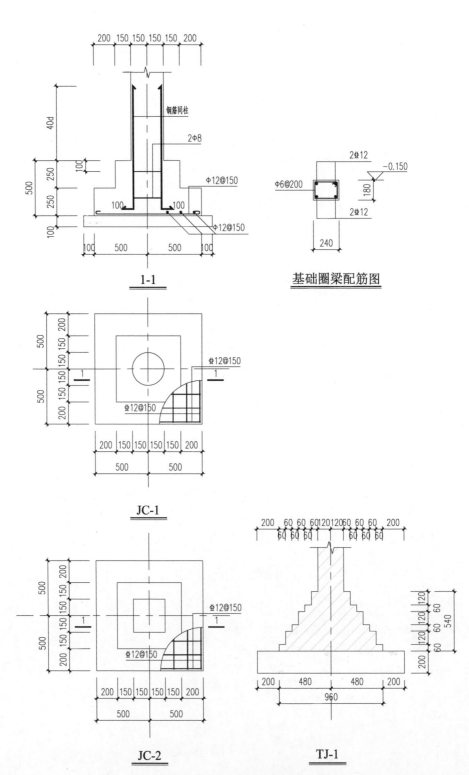

典型农房设计图集

桃源村

1-1

基础圈梁配筋图

JC-1

JC-2

TJ-1

典型农房户型 4 基础圈梁配筋图

74

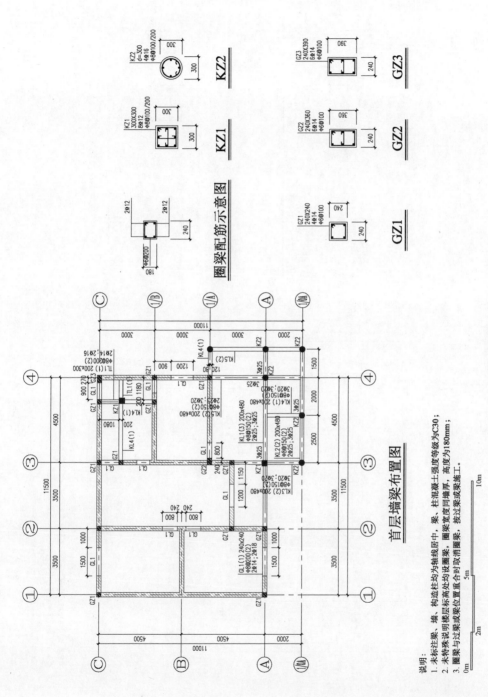

圈梁配筋示意图

KZ1
KZ2

GZ1
GZ2
GZ3

首层墙梁布置图

典型农房户型 4 墙梁布置图（一）

说明：
1. 未标注梁、墙、构造柱均为轴线居中，梁、柱混凝土强度等级为C30；
2. 未特殊说明楼层标高处均设圈梁，圈梁宽度同墙厚，高度为180mm；
3. 圈梁与过梁或梁位置重合时合并取消圈梁，按过梁或梁施工。

典型农房设计图集

桃源村

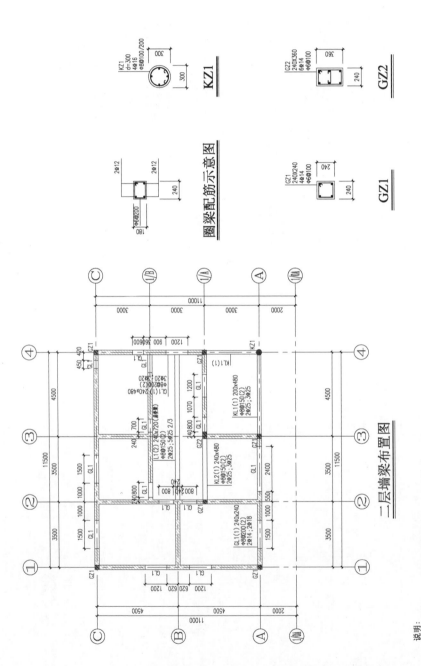

圈梁配筋示意图

KZ1

GZ2

GZ1

二层墙梁布置图

典型农房户型 4 墙梁布置图（二）

说明：
1. 未标注梁、墙、柱、构造柱均为轴线居中；梁、柱混凝土强度等级为C30；
2. 未特殊说明楼层标高处均为较低圈梁。圈梁宽度同墙厚，高度为180mm；
3. 圈梁与过梁或斜梁位置重合时取消圈梁，按过梁或斜梁施工。

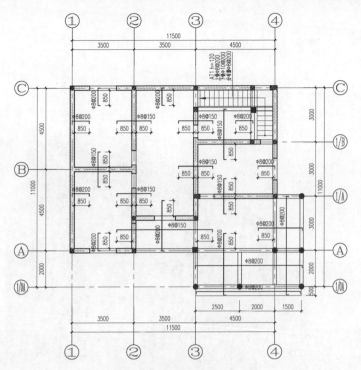

首层顶板配筋平面图

说明：
1. 未标注板厚为120mm；
2. 楼板混凝土强度等级为C30；
3. 楼板未注明的下铁钢筋为8@200；
   楼梯平台板钢筋为8@200，双层双向。

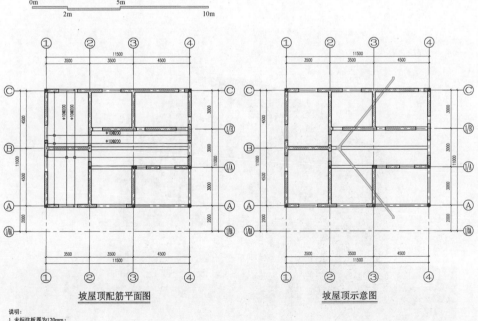

坡屋顶配筋平面图   坡屋顶示意图

说明：
1. 未标注板厚为120mm；
2. 楼板混凝土强度等级为C30。

典型农房户型4配筋图

五、典型农房户型 5

典型农房户型 5 效果图 1

典型农房户型 5 效果图 2

典型农房户型 5 院落效果图

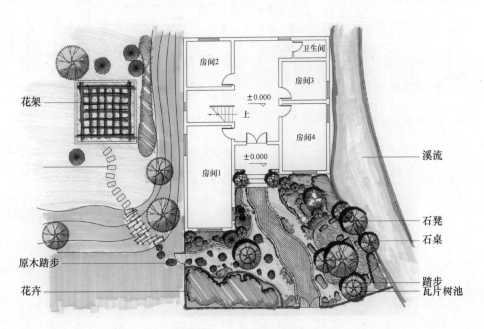

花架

原木踏步

花卉

溪流

石凳

石桌

踏步

瓦片树池

房间2

卫生间

房间3

±0.000

上

房间4

±0.000

房间1

典型农房户型 5 总平面图

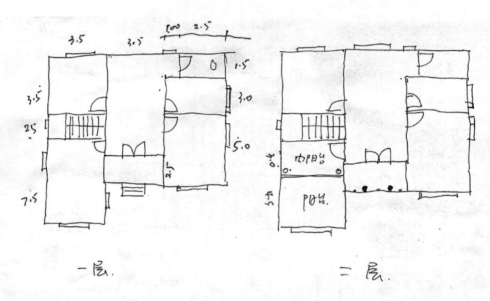

一层.　　　　　　二层.

桃源005-1.

2013.3.24

典型农房户型 5 手绘图 1

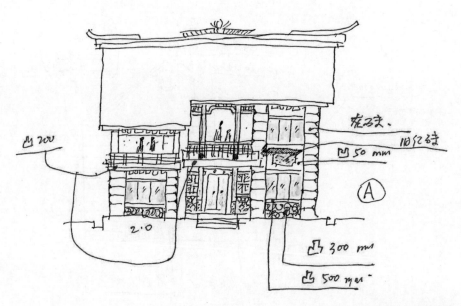

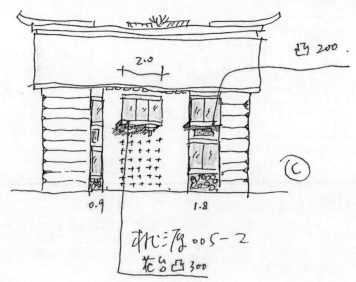

典型农房户型5手绘图2

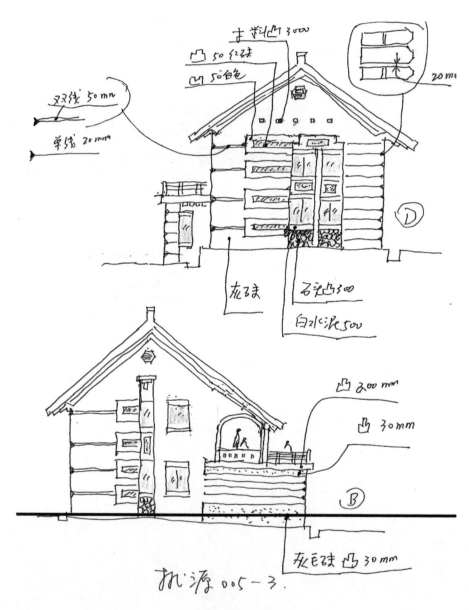

双线 50mm

草线 20mn

土料凹 3000

凹 50红砖

凹 50白色

土米

20mn

龙子ま

石头凹3000

白水泥500

凹 200mm

凹 30mm

D

B

灰色砖 凹 30mm

桃源 005-3.

典型农房户型 5 手绘图 3

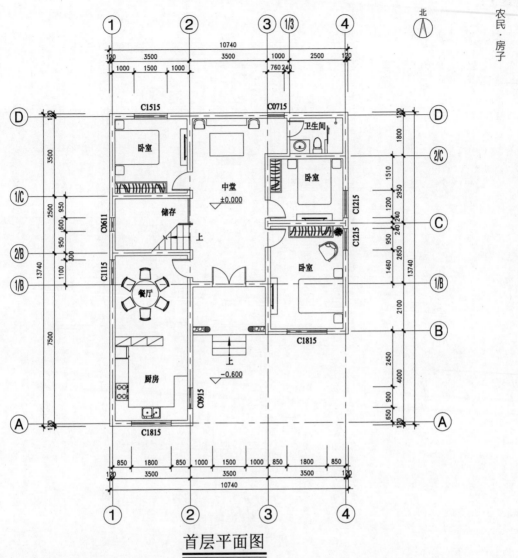

首层平面图

建筑面积：112.72m²
总建筑面积：207.38m²

说明：

1. 图中未标明墙体为普通实心水泥砖；

2. 图中未标明砌体厚240mm，未标明门

   垛为轴线到边240mm；

3. 厨房、厕所较相应楼面 -0.03m；

4. 尺寸单位：m，mm。

典型农房户型5首层平面图

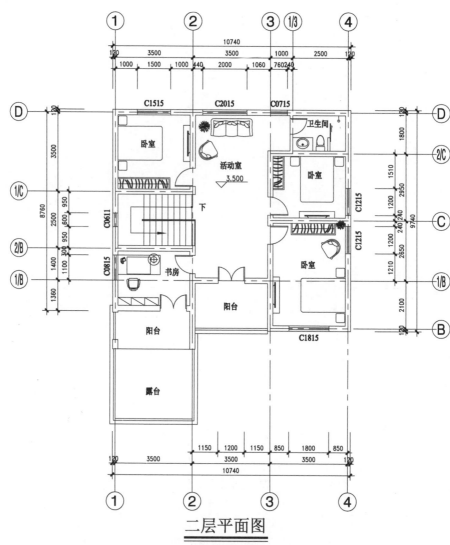

二层平面图

建筑面积：94.66m²

说明：

1. 图中未标明墙体为普通实心水泥砖；

2. 图中未标明砌体厚240mm，未标明门
   垛为轴线到边240mm；

3. 厨房、厕所较相应楼面-0.03m；

4. 尺寸单位：m，mm。

典型农房户型5 二层平面图

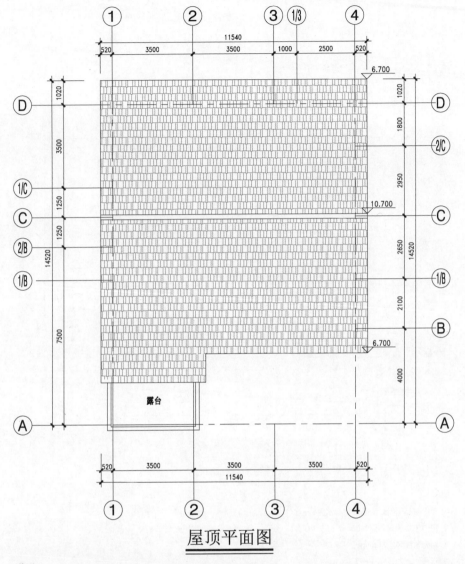

屋顶平面图

说明:

1. 图中未标明墙体为普通实心水泥砖;

2. 图中未标明砌体厚240mm,未标明门

   垛为轴线到边240mm;

3. 厨房、厕所较相应楼面−0.03m;

4. 尺寸单位:m,mm。

典型农房户型 5 屋顶平面图

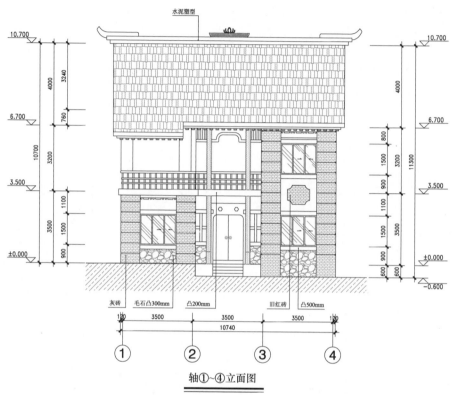

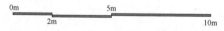

轴①~④立面图

说明：

1. 图中未标明墙体为普通实心水泥砖；

2. 图中未标明砌体厚240mm，未标明门

   垛为轴线到边240mm；

3. 厨房、厕所较相应楼面 -0.03m；

4. 尺寸单位：m，mm。

典型农房户型 5 轴立面图 1

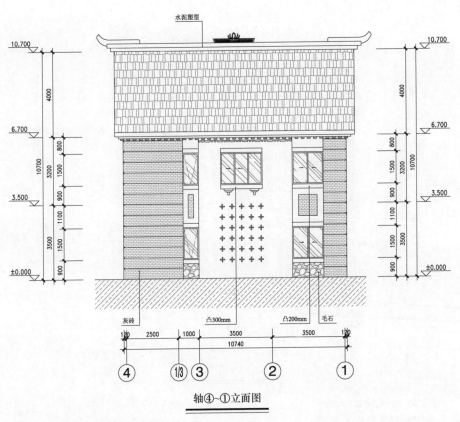

水泥塑型

轴④~①立面图

说明：

1. 图中未标明墙体为普通实心水泥砖；

2. 图中未标明砌体厚240mm，未标明门

   垛为轴线到边240mm；

3. 厨房、厕所较相应楼面 −0.03m；

4. 尺寸单位：m，mm。

典型农房户型 5 轴立面图 2

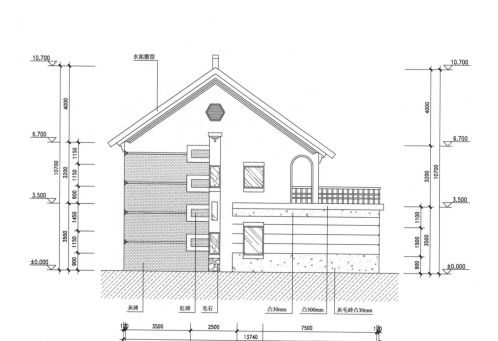

轴 Ⓓ ~ Ⓐ 立面图

说明：

1. 图中未标明墙体为普通实心水泥砖；
2. 图中未标明砌体厚240mm，未标明门
   垛为轴线到边240mm；
3. 厨房、厕所较相应楼面 -0.03m；
4. 尺寸单位：m，mm。

典型农房户型 5 轴立面图 3

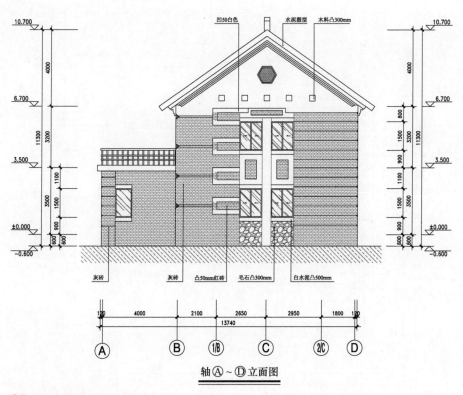

轴 Ⓐ ~ Ⓓ 立面图

说明：
1. 图中未标明墙体为普通实心水泥砖；
2. 图中未标明砌体厚240mm，未标明门
   垛为轴线到边240mm；
3. 厨房、厕所较相应楼面-0.03m；
4. 尺寸单位：m，mm。

典型农房户型5轴立面图4

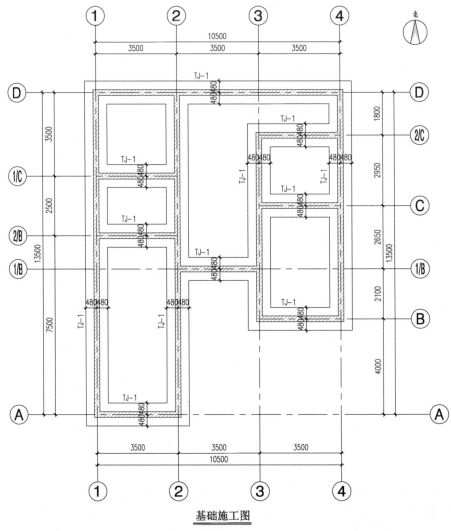

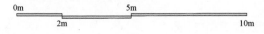
基础施工图

说明:
1. 未标注条形基础均为轴线居中;
2. 基础垫层混凝土强度等级为C15。

0m   5m
      2m   10m

典型农房户型 5 基础施工图

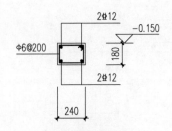

基础圈梁配筋图

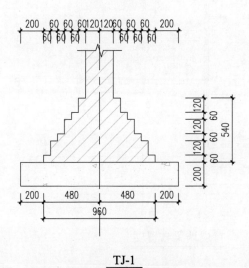

TJ-1

典型农房户型 5 基础配筋图

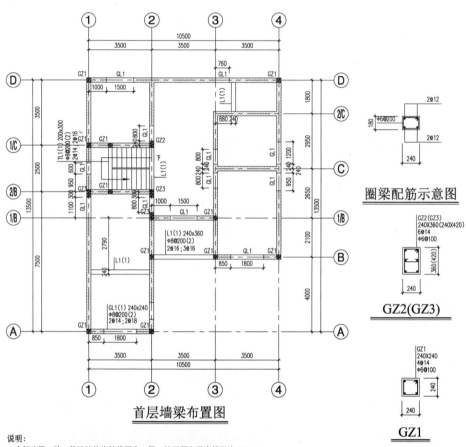

首层墙梁布置图

圈梁配筋示意图

GZ2(GZ3)

GZ1

说明：
1. 未标注梁、墙、构造柱均为轴线居中，梁、柱混凝土强度等级为C30；
2. 未特殊说明楼层标高处均设圈梁，圈梁宽度同墙厚，高度为180mm；
3. 圈梁与过梁或梁位置重合时取消圈梁，按过梁或梁施工。

0m   5m
2m   10m

典型农房户型 5 墙梁布置图（一）

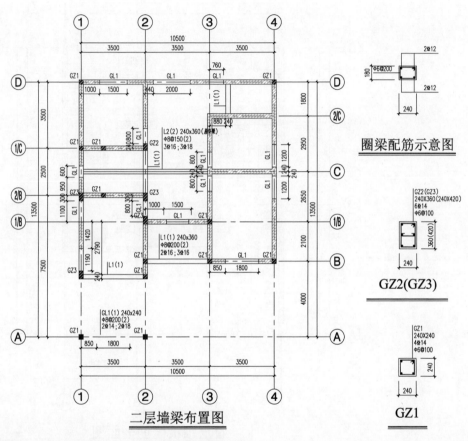

圈梁配筋示意图

GZ2(GZ3)

GZ1

二层墙梁布置图

说明：
1. 未标注梁、墙、构造柱均为轴线居中，梁、柱混凝土强度等级为C30；
2. 未特殊说明楼层标高处均设圈梁，圈梁宽度同墙厚，高度为180mm；
3. 圈梁与过梁或梁位置重合时取消圈梁，按过梁或梁施工。

典型农房户型5墙梁布置图（二）

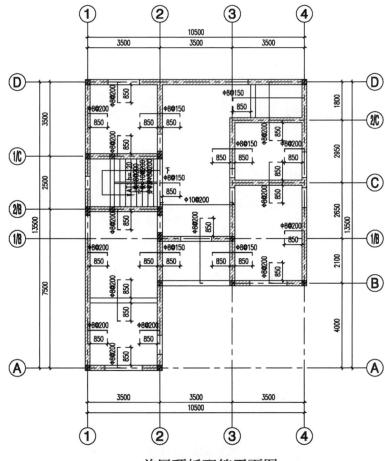

首层顶板配筋平面图

0m   5m
2m   10m

典型农房户型 5 配筋图（一）

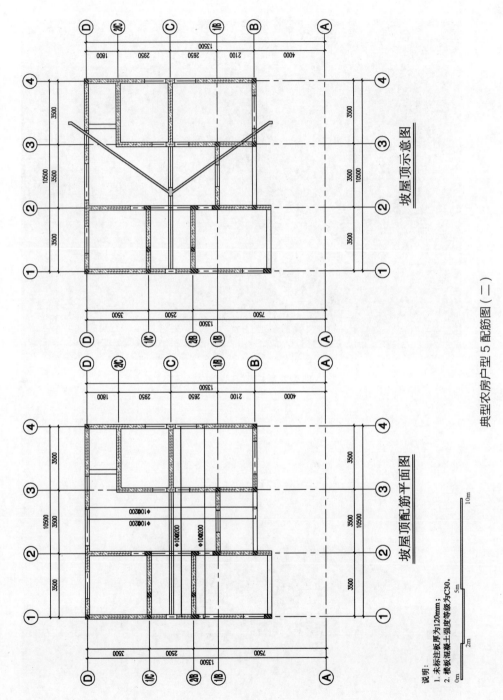

坡屋顶示意图

坡屋顶配筋平面图

典型农房户型 5 配筋图（二）

说明：
1. 未标注板厚为120mm；
2. 楼板混凝土强度等级为C30。

六、典型农房户型 6

典型农房设计图集 桃源村

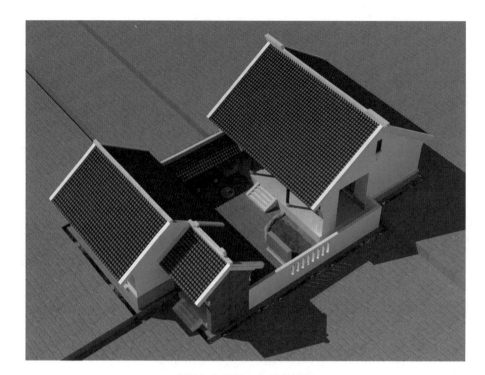

典型农房户型 6 鸟瞰效果图

典型农房户型 6 效果图 1

典型农房户型 6 效果图 2

典型农房户型 6 院落效果图

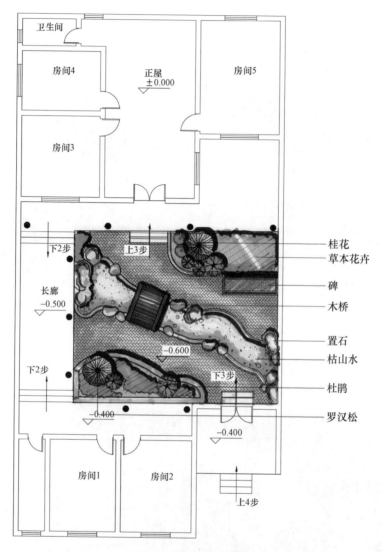

卫生间

房间4

正屋
±0.000

房间5

房间3

下2步

上3步

长廊
−0.500

−0.600

下2步

−0.400

下3步

−0.400

房间1

房间2

上4步

桂花

草本花卉

碑

木桥

置石

枯山水

杜鹃

罗汉松

典型农房户型6总平面图

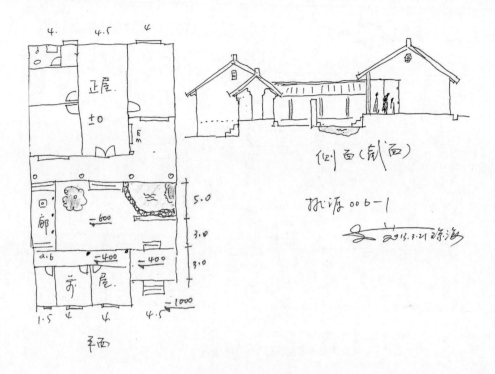

典型农房户型 6 手绘图 1

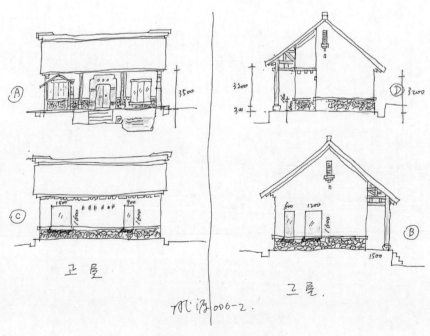

典型农房户型 6 手绘图 2

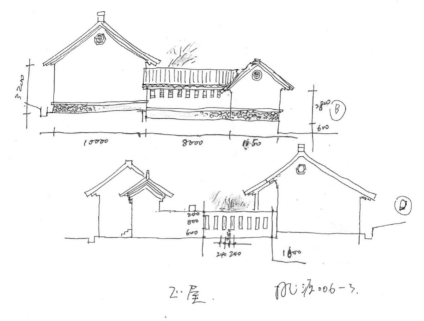

乙屋.　　桃源006-3.

典型农房户型 6 手绘图 3

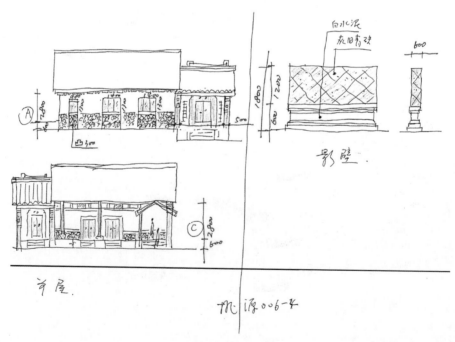

影壁

甲屋.　　桃源006-4

典型农房户型 6 手绘图 4

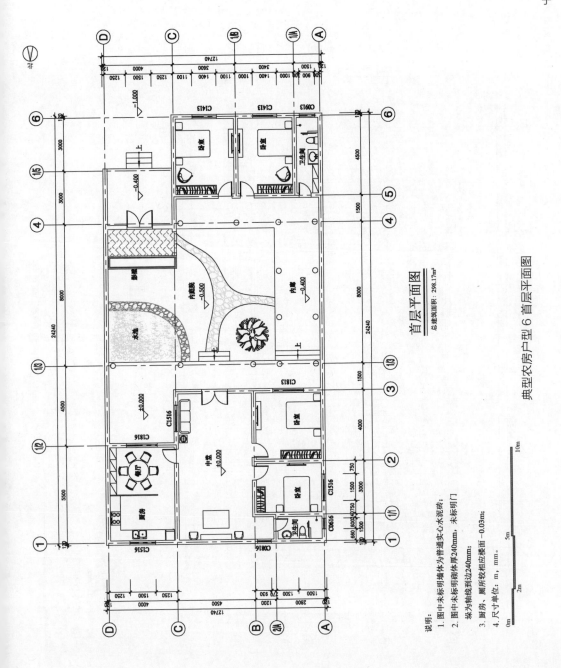

首层平面图
总建筑面积：298.17m²

典型农房户型 6 首层平面图

说明：
1. 图中未标明墙体为普通实心水泥砖；
2. 图中未标明砌体厚240mm，未标明门
   架为轴线到240mm；
3. 厨房、厕所较相应楼面 −0.03m；
4. 尺寸单位：m，mm。

0m 2m 5m 10m

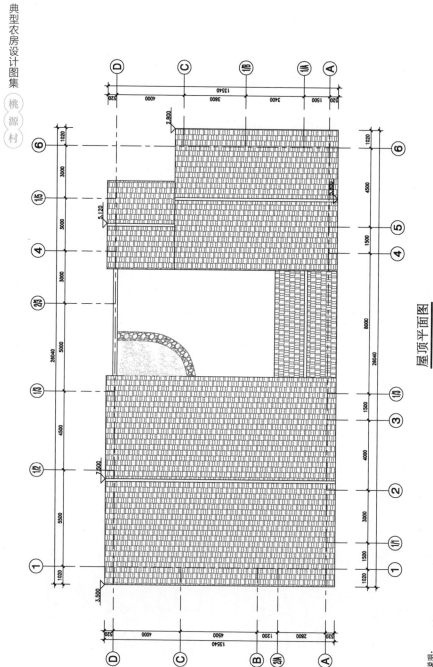

屋顶平面图

典型农房户型 6 屋顶平面图

说明:
1. 图中未标明墙体为普通实心水泥砖;
2. 图中未标明砌体厚240mm, 未标明门
   垛为轴线到边240mm;
3. 厨房、厕所较相应楼面 -0.03m;
4. 尺寸单位: m, mm。

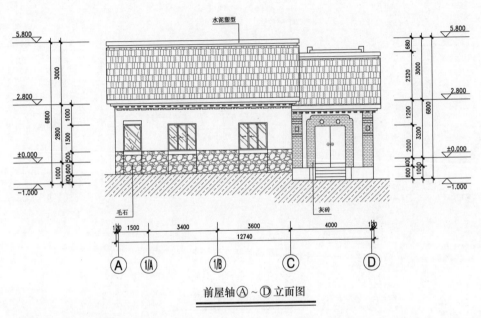

前屋轴Ⓐ~Ⓓ立面图

说明：

1. 图中未标明墙体为普通实心水泥砖；

2. 图中未标明砌体厚240mm，未标明门

   垛为轴线到边240mm；

3. 厨房、厕所较相应楼面 −0.03m；

4. 尺寸单位：m，mm。

典型农房户型 6 轴立面图 1

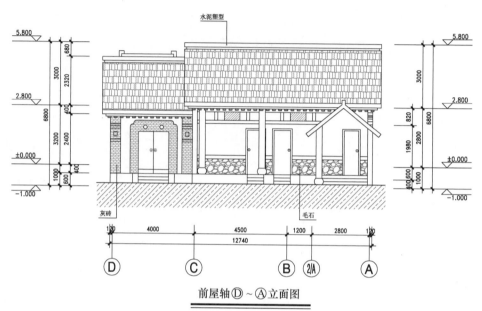

前屋轴 Ⓓ~Ⓐ 立面图

说明：

1. 图中未标明墙体为普通实心水泥砖；

2. 图中未标明砌体厚240mm，未标明门
   垛为轴线到边240mm；

3. 厨房、厕所较相应楼面-0.03m；

4. 尺寸单位：m，mm。

典型农房户型6轴立面图2

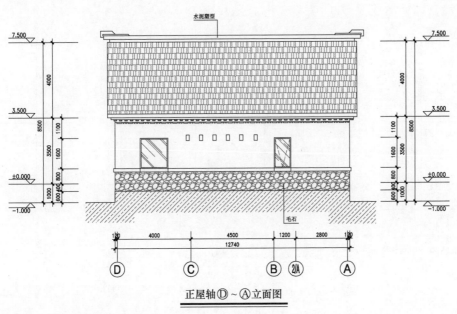

正屋轴 Ⓓ～Ⓐ 立面图

说明:
1. 图中未标明墙体为普通实心水泥砖;
2. 图中未标明砌体厚240mm,未标明门
   垛为轴线到边240mm;
3. 厨房、厕所较相应楼面 -0.03m;
4. 尺寸单位: m, mm。

典型农房户型 6 轴立面图 3

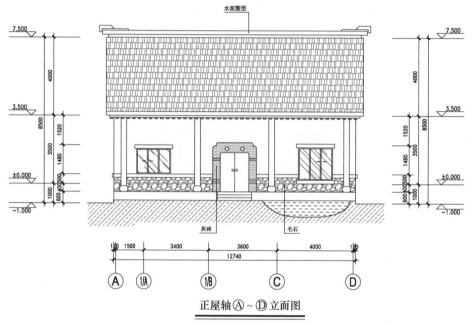

水泥塑型

灰砖

毛石

正屋轴Ⓐ~Ⓓ立面图

说明：

1. 图中未标明墙体为普通实心水泥砖；

2. 图中未标明砌体厚240mm，未标明门

   垛为轴线到边240mm；

3. 厨房、厕所较相应楼面−0.03m；

4. 尺寸单位：m，mm。

典型农房户型6轴立面图4

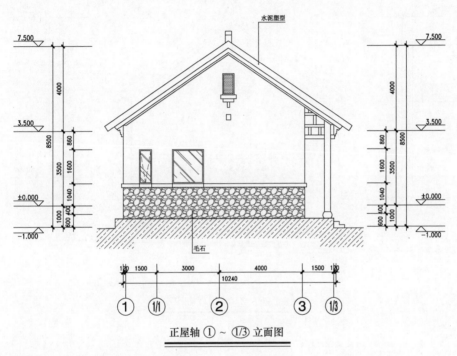

正屋轴 ① ~ ⑴⁄3 立面图

说明:

1. 图中未标明墙体为普通实心水泥砖;

2. 图中未标明砌体厚240mm,未标明门

    垛为轴线到边240mm;

3. 厨房、厕所较相应楼面 −0.03m;

4. 尺寸单位: m, mm。

典型农房户型 6 轴立面图 5

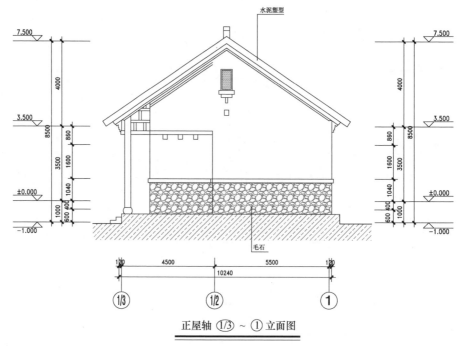

水泥塑型

毛石

7.500

4000

3.500

860

3500 1600

1040

±0.000

1000 600 400

−1.000

130 4500 5500 130

10240

⑴/3 ⑴/2 ①

<u>正屋轴 ⑴/3 ～ ① 立面图</u>

说明:

1. 图中未标明墙体为普通实心水泥砖;

2. 图中未标明砌体厚240mm,未标明门
   垛为轴线到边240mm;

3. 厨房、厕所较相应楼面 −0.03m;

4. 尺寸单位: m,mm。

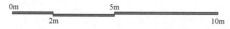
0m 5m
  2m 10m

典型农房户型 6 轴立面图 5

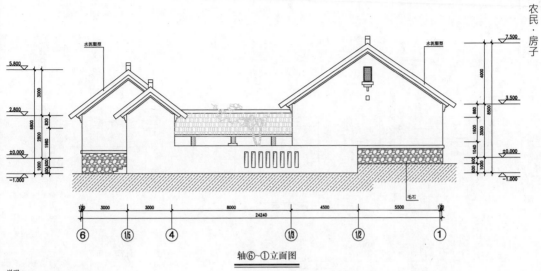

5.800
2.800
±0.000
-1.000

7.500
3.500
±0.000
-1.000

水泥塑型
水泥塑型
毛石

3000 3000 8000 4500 5500
24240

⑥ ⑮ ④ ⑱ ⑫ ①

轴⑥~①立面图

说明:
1. 图中未标明墙体为普通实心水泥砖;
2. 图中未标明砌体厚240mm,未标明门
   垛为轴线到边240mm;
3. 厨房、厕所较相应楼面-0.03m;
4. 尺寸单位: m, mm。

0m   5m
   2m   10m

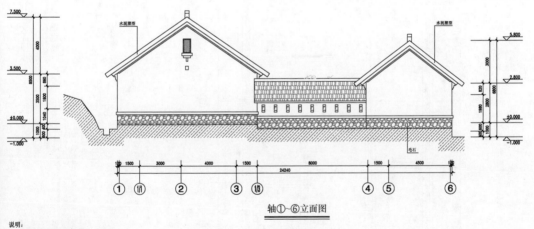

7.500
3.500
±0.000
-1.000

5.800
2.800
±0.000
-1.000

水泥塑型
水泥塑型
毛石

1500 3000 4000 1500 8000 1500 4500
24240

① ⑪ ② ③ ⑱ ④ ⑤ ⑥

轴①~⑥立面图

说明:
1. 图中未标明墙体为普通实心水泥砖;
2. 图中未标明砌体厚240mm,未标明门
   垛为轴线到边240mm;
3. 厨房、厕所较相应楼面-0.03m;
4. 尺寸单位: m, mm。

0m   5m
   2m   10m

典型农房户型6轴立面图6

典型农房设计图集

桃源村

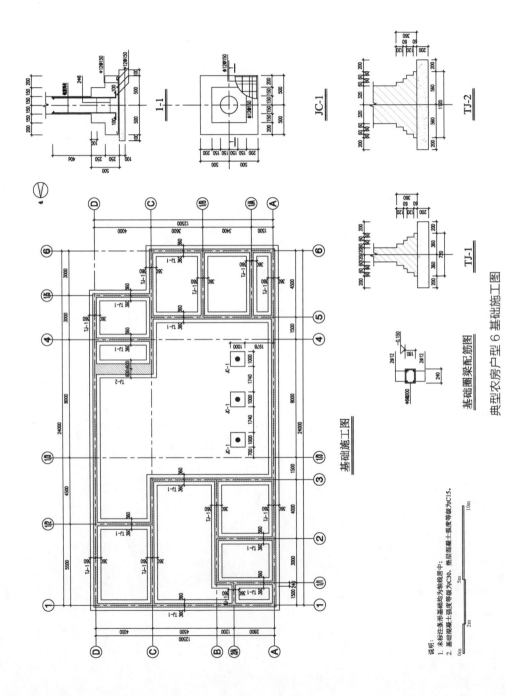

1-1

JC-1

TJ-2

TJ-1

基础施工图

基础圈梁配筋图

典型农房户型 6 基础施工图

说明：
1. 未标注条形基础均为轴线居中;
2. 基础混凝土强度等级为C30、垫层混凝土强度等级为C15。

0m 2m 5m 10m

110

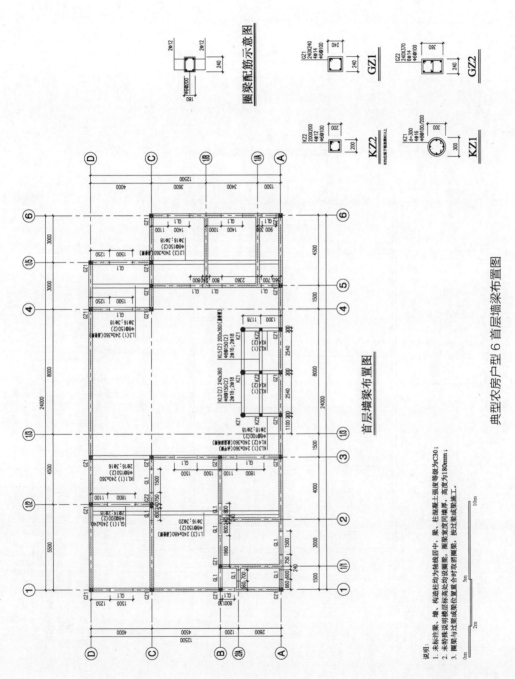

典型农房户型 6 首层墙梁布置图

说明：
1. 未标注梁、墙、构造柱均为轴线居中；梁、柱混凝土强度等级为C30；
2. 未特殊说明楼层标高处均设圈梁，圈梁宽度同墙厚，高度为180mm；
3. 圈梁与过梁位置重合时合并取消过梁，按过梁或按圈梁施工。

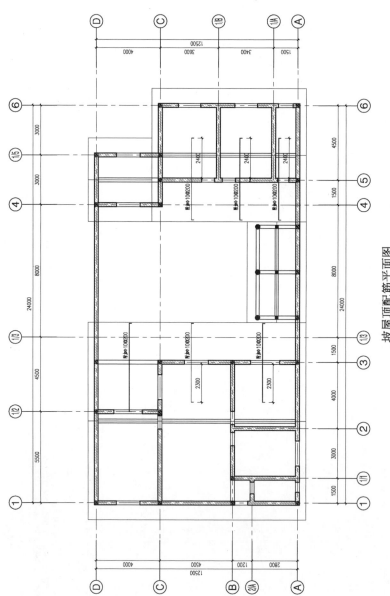

坡屋顶配筋平面图

典型农房户型 6 坡屋顶配筋图

说明：
1. 未标注板厚为140mm；
2. 楼板混凝土强度等级为C30；
3. 楼板未注明的钢筋为Φ10@200双层双向(图中未画出)，图中所示均为附加钢筋。

0m 2m   5m   10m

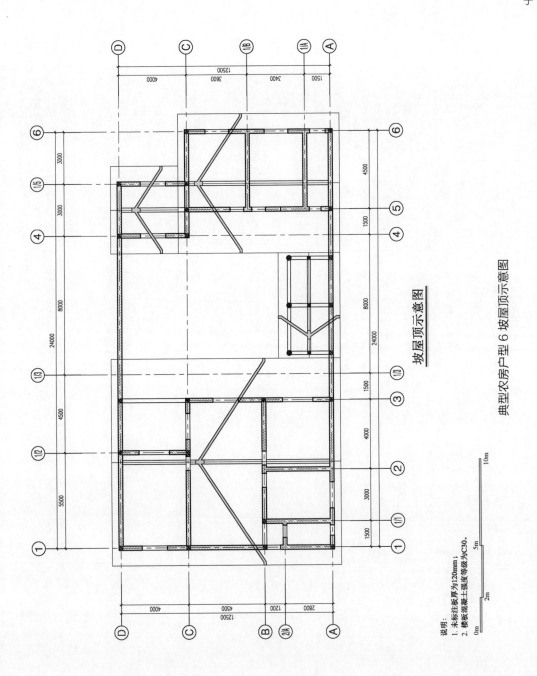

坡屋顶示意图

典型农房户型 6 坡屋顶示意图

说明：
1. 未标注板厚为120mm；
2. 楼板混凝土强度等级为C30。

0m   2m   5m   10m

桃源村手记 |

2014 桃源计划

孙　君

经过一年的努力，桃源村终于有了一些成果，也得到村民的认同和政府的支持。这一年在桃源村的工作是悲喜交加，好在我们迎来了 2014 年。

2014 年的桃源村主要工作是尽快完成集体产业定位，确定村庄发展模式，实现古村落保护，复兴桃源文化。

桃源村 2014 年的工作难说哪一项工作重要，哪一项不重要，我们只能说哪一项有条件先开始，哪一项条件还不成熟，一切均在动态中寻求有效的工作方法。

（1）景观设计方面由张华提前介入，明年准备投入十万用于建设，尽量保持本地的野性、石头房，与古柿子树形成一定融合性，从国道至桃源村关口要着手设计与规划。

（2）远方网的陈长春与张华配合，学习樱桃沟村的旅游推广，目前做的方案与室内设计要与华主任、镇里商量好，一定要考虑到落地性，今天的推广是为市场化与招商做准备。

（3）廖老师的乡村金融要准备介入，结合华主任正在筹备的鸡枞菌项目，推行徐新桥主任双主体的村集体经济，这一项工作非常重要，要市镇两级全力推动。

（4）乡村客栈最好能在 3 月份完成，加快室内设计，请上海公司做设计，绿十字工作室的人也可以。3 月初必须完成接待中心与绿十字工作的接待运营工作，要简单，投入不宜过大，突出乡村品质。

（5）提高农家乐的服务管理，包括环境卫生、厕所卫生、餐厅布置（将桃源村照片、字画、罐、瓶集中几户农家乐布置），同时推广 352 乡村经营模式［即 50% 农业（第一产业），30% 乡村电商、农产品加工和手工业（第二产业），20% 农村旅游与乡宿等服务业（第三产业）］，这个工作一定要下决心去做，形成村内的一种运营与管理机制。

时间表如下：

4—8 月工作（招商与建筑设计同步）

完成目前荆基客栈 6~8 户的建筑设计，筹备新的商业度假与建筑设计，设计并建设露天背包客的露营地，以上工作先完成设计与规划，完成效果图。与 2013 年比，工作量远远增加了，也更为重要。因为，这些工作基本奠定了桃源村由村庄步入到田园式村庄的 352 乡村经营模式，同时这个过程需要市场、市政府认识到项目的价值。

8—9 月

全面完成桃源村 80% 的主体建筑，用两个月时间完成装修，10 月份进入运营，与此同时，要完成桃源村的经济模式、产业模式、乡村旅游模式的构建，推出全新的绿色幸福村的 4B 级的田园景区。

10 月

桃源村项目可以扩大到邻村大悟村，可以借一块他们的土地。桃源村与大悟村之间的地形远远比桃源村有景观感，更有田园感，这部分最具有商业价值的工作估计要推到 2015 年，但在 2014 年 10 月就应该考虑到这个计划。

10—11 月

桃源村旅游的黄金期，希望市县政府制定一个长远的市场经营工作方案，不然项目很难达到预期高度。

我的建议：

桃源发展到现在，需要一个更有力的班子，更有能力调配资源的机构。目前再以武胜关做为班底就弱了，这要学习远安县、新县的工作力度，要全局考虑，从全市考虑，才能继续推动桃源项目更有效地跨入到 2014 年和更重要的 2015 年。

2013 年工作是为了 2015 年，在目前的绿十字项目中，最有潜力、最具备田园感的自然是非桃源村莫属。

2014 年的田园景观，必须一次到位，必须一次让人们感到震撼，这一步是 2014 年重点工作，第二是廖老师的乡村金融这部分，是目前工作中的一个坎儿，352 乡村经营模式可能助推桃源村项目走得更远。

2014 年 1 月 5 日　北京　空中日记